王健　王京菊　著

 图解

实用服装实例：

裁剪制作技法 完全解析

化学工业出版社

·北京·

本书以全彩色图解的形式，选用大量符合时代潮流要求的新款式、新工艺、新技法，从基础款式到拓展的结构设计款式进行裁剪方法和工艺制作的全步骤翔实讲解，并且为每一步骤拍摄了相应照片，以使读者能够更清晰、更直观地进行学习和借鉴，使服装裁剪与制作能更好地呈现优良的品质感。

全书内容包括：基础款式裁剪与制作；省、缝裁剪与制作；口袋裁剪与制作；门襟裁剪与制作；止口裁剪与制作；开衩裁剪与制作；领子裁剪与制作；袖子裁剪与制作；袖口裁剪与制作；衣摆裁剪与制作等。还附有很多创新内容，有利于读者思考和掌握技法。本书具有很强的实用性，使读者能在短时间内迅速、全面地理解和掌握服装裁剪流行制作技法，可以在更大程度上满足服装行业从业人员的实际需求。

本书可供广大服装企业技术人员、广大服装爱好者参考；也可作为相关服装院校的大中专师生的教学参考书和培训辅导用书。

图书在版编目（CIP）数据

图解实用服装实例：裁剪制作技法完全解析／王健，王京菊著. —北京：化学工业出版社，2016.10
ISBN 978-7-122-27839-5

Ⅰ．①图⋯　Ⅱ．①王⋯②王⋯　Ⅲ．①服装工艺-图解　Ⅳ．①TS941.6-64

中国版本图书馆CIP数据核字（2016）第191713号

责任编辑：朱　彤　　　　　　　　　　　文字编辑：王　琪
责任校对：王素芹　　　　　　　　　　　装帧设计：王晓宇

出版发行：化学工业出版社（北京市东城区青年湖南街13号　邮政编码100011）
印　　装：北京彩云龙印刷有限公司
787mm×1092mm　1/16　印张11¼　字数271千字　2017年1月北京第1版第1次印刷

购书咨询：010-64518888（传真：010-64519686）　　售后服务：010-64518899
网　　址：http://www.cip.com.cn
凡购买本书，如有缺损质量问题，本社销售中心负责调换。

定　　价：49.80元　　　　　　　　　　　　　　　　　版权所有　违者必究

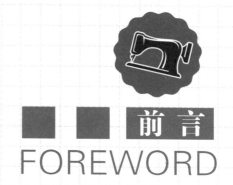

前言

FOREWORD

　　随着经济全球化与世界文化潮流相互融合，不同款式的服装千变万化，服装裁剪制作技术瞬息万变。服装从设计到成品要经过设计效果表达、款式表达、结构表达及最后的工艺制作表达等几个必要的表达阶段，每个阶段的表达紧密相连，环环相扣，缺一不可，成为决定服装造型是否优美的关键。

　　本书将作者多年的技术实践经验与近年来流行的服装结构设计相结合，在服装基础结构设计的内容上进行拓展，将服装根据基础款式和工艺制作类型分门别类，全部采用图解这一图文并茂的形式，从基础款式到拓展的结构设计款式进行裁剪方法和工艺制作的翔实讲解，可使读者从中体会服装结构表达和工艺表达的无穷乐趣。

　　全书内容翔实、数据准确，易于掌握，语言精练、编排新颖。在编写时按照由浅入深、步骤明晰、通俗易懂的原则，每个章节均结合市场上较为流行的款式，采用丰富的款式造型，结合作者自身多年经验，使读者能够真正地学到并弄清楚服装裁剪制作的关键知识与操作技能。

　　全书共分为十章：第一章为基础款式裁剪与制作；第二章为省缝裁剪与制作；第三章为口袋裁剪与制作；第四章为门襟裁剪与制作；第五章为止口裁剪与制作；第六章为开衩裁剪与制作；第七章为领子裁剪与制作；第八章为袖子裁剪与制作；第九章为袖口裁剪与制作；第十章为衣摆裁剪与制作。通过大量实例，使本书具有较强的实用性，使读者能够迅速、全面地理解和掌握服装裁剪制作技法，可以在更大程度上满足服装行业从业人员的实际需求。

　　本书由北京联合大学王健、王京菊所著，在编写过程中得到了众多专家及化学工业出版社相关人员的大力支持，在此深表感谢。由于时间和水平所限，本书尚存有不足之处，敬请广大读者批评指正。

著　者

2016 年 9 月

目录

CONTENTS

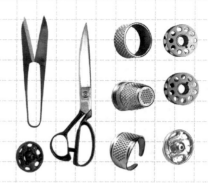

第一章
基础款式裁剪与制作

内容特色

　　本部分介绍了服装中基础款式的结构设计与工艺制作，其中包括基础裙、女衬衫、女裤、西裤、女西服的结构设计和基础裙、西裤、女西服的工艺制作。

要点与难点

　　通过本部分内容，可以掌握服装中基础款式的结构设计与工艺制作。重点掌握基础裙、女衬衫、女裤、西裤的结构设计和基础裙、西裤的工艺制作，其中女西服的结构设计和工艺制作为本部分的难点。

实例 1-1

基础裙

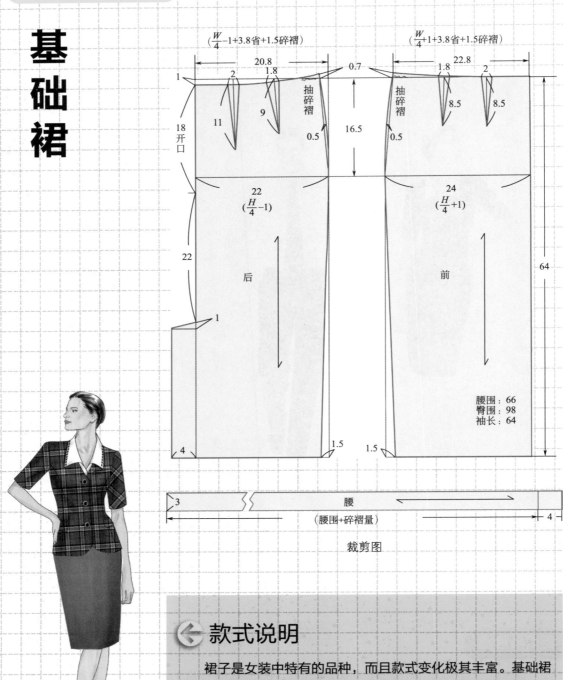

裁剪图

$(\frac{W}{4}-1+3.8省+1.5碎褶)$　　$(\frac{W}{4}+1+3.8省+1.5碎褶)$

20.8　　　　0.7　　　22.8

2　1.8　　　　1.8　2

8.5　8.5

抽碎褶　　抽碎褶

11　9　　0.5　16.5　0.5

18开口

22($\frac{H}{4}-1$)　　24($\frac{H}{4}+1$)

22

后　　前

64

1

1.5　1.5

4

3　腰（腰围+碎褶量）　4

腰围：66
臀围：98
袖长：64

款式说明

　　裙子是女装中特有的品种，而且款式变化极其丰富。基础裙具备了裙子的基本构件要素，良好地掌握基础裙的结构原理和制作工艺，将为以后裙型变款打下良好的基础。在基础裙制作过程中，拉链、腰头及后开衩的缝制是学习的重点与难点。

材料准备 ⬇

材料	面料	里料	挂钩	子母扣	拉链
规格	110cm 幅	110cm 幅			20cm
用量	105cm	67cm	1 副	1 对	1 条

缝制顺序 ⬇

1.做前片

（1）画省道，打线钉。

（2）包缝侧缝、底边。

（3）缉缝省道并烫平。

（4）归烫侧缝，折烫底边。

2.做后片

（1）画省道，打线钉。

（2）包缝侧缝、底边、开衩。

（3）在拉锁位、后开衩位粘牵条。

（4）缉缝后中缝并分缝烫平。

（5）折烫后开衩、底边。

3.做里子

（1）合后中缝并包缝。

（2）勾缝拉锁。

（3）合前后侧缝并包缝。

（4）折烫底边并缉缝。

（5）折扣吊带并缉缝。

4.组合前后片

（1）缉缝侧缝并分缝烫平。

（2）折扣底边并固定。

（3）固定里面腰口。

5.绱腰头

（1）粘腰衬，扣腰里、腰面。

（2）绱腰头。

6.勾缝后开衩

7.做手针、扦底边、钉挂钩

8.整烫

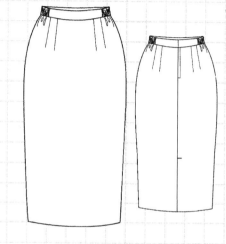

款式图

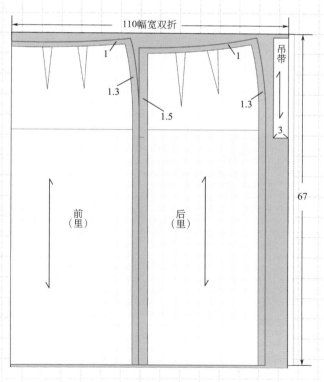

里料排料图

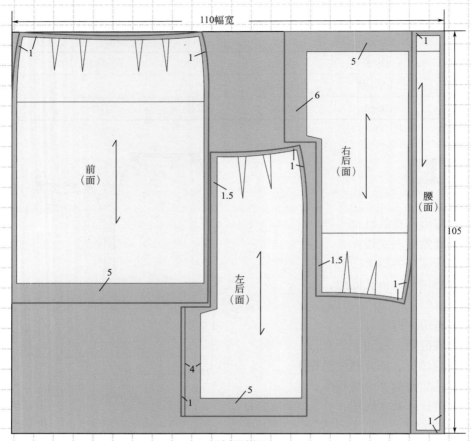

面料排料图

缝制图解 ↘

图1-1-1

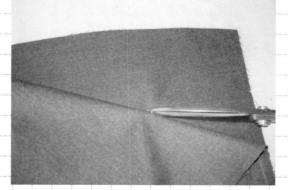

图1-1-2

图1-1-1 打线钉、剪口：按前中线正面相对折好裙片，在省尖处用白棉线打上线钉，根据省宽印迹在腰口处打出剪口。

图1-1-2 剪断线钉：轻掀裙上片，将两层裙片之间连线剪断，注意不要剪到布片。

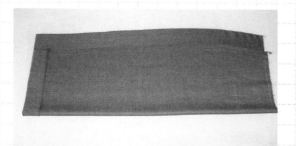

图 1-1-3

图 1-1-3　包缝：前片正面朝上包缝侧缝、底边，然后将底边向反面折烫。

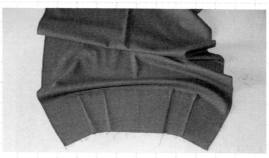

图 1-1-4

图 1-1-4　缉缝省道：将裙片正面相对，按剪口、线钉缉缝省道，并且将缉好的省道倒向裙中线烫平。

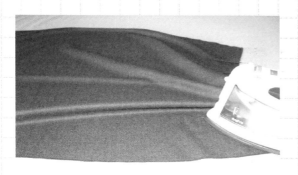

图 1-1-5

图 1-1-5　归烫侧缝：裙片背面朝上，由腰口开始归拢侧缝，注意左右缝要归烫一致，前后裙片方法相同。

图 1-1-6

图 1-1-6　后片与前片相同：后片打线钉、剪口，正面朝上包缝侧缝、底边、后开衩部位。

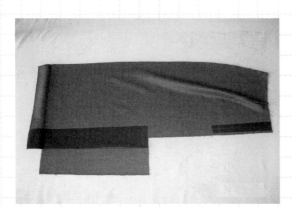

图 1-1-7

图 1-1-7　缝合后中缝：由拉锁底端开始缉缝后中缝至开衩处，缉缝省道并倒烫。在裙开衩、拉锁部位的背面，左右片均粘烫衬布牵条。

图 1-1-8

图 1-1-8　烫后中缝：把硬纸垫在缝边下面将缝边分开烫平，注意绱拉锁部位要烫顺直（垫硬纸是为防止缝边印烫到正面）。

图 1-1-9

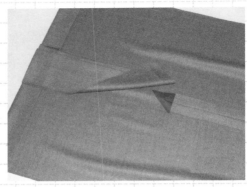

图 1-1-10

图1-1-9　烫后开衩：垫上硬纸，先折烫底边，再折烫右边开衩。

图1-1-10　烫后开衩：将左片开衩折向右片，剪开左片缝边至开衩线根处并劈开缝边，然后粘烫衬布，折烫左片底边及开衩贴边。

图 1-1-11

图 1-1-12

图1-1-11　做里子：后片里子正面相对，由拉锁底端开始沿中缝缝合左右片至开衩上端，然后剪掉拉锁部位的缝边，在拉锁底端向裙里片下斜45°剪0.7cm的剪口，并且将毛边剪成下斜45°。

图1-1-12　缲拉锁：拉锁背面与后片里子正面相对，里子中缝毛边朝上，先由左边开始缲缝至剪好的45°斜线根部，注意不要抬起机针。

图 1-1-13

图 1-1-14

图1-1-13　缲拉锁（1）：在机针不动的情况下，抬起压脚并转动裙里布，缲缝三角部位至另一端的45°斜线根部，注意不要抬起机针。

图1-1-14　缲拉锁（2）：机针不动，抬起压脚并转动裙里布，缲缝右片拉锁。

图 1-1-15

图 1-1-15 在里布上固定拉链缉明线：绱好拉锁后，把裙里布正面朝上，沿缝边压缝0.1cm明线将拉锁固定。

图 1-1-17

图 1-1-17 折烫底边：将缝合好的裙里子底边向上折烫3cm宽。

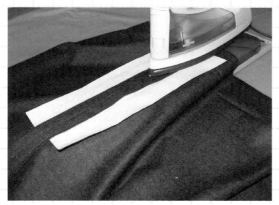

图 1-1-19

图 1-1-19 缝合侧缝：前后面料裙片正面相对缉缝侧缝，注意不要抻拉，然后垫上硬纸分烫侧缝。

图 1-1-16

图 1-1-16 缝合扣烫里子侧缝：把里子的前后片正面相对，缝合侧缝并见前片双包缝，再将侧缝倒向后片烫平，注意要留出0.3cm的"眼皮量"。

图 1-1-18

图 1-1-18 缉缝底边：把折好的3cm底边再折净1cm宽，然后沿折边缉缝0.1cm明线并将其烫平。

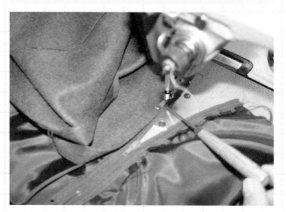

图 1-1-20

图 1-1-20 在面料上固定拉链缉明线（1）：将已上好拉链的里子背面朝上，再将已烫好的面料在片压在距拉锁牙0.5cm处并打开拉锁，用单边压脚缉缝0.1cm明线。

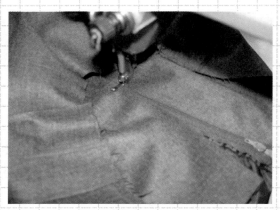

图1-1-21

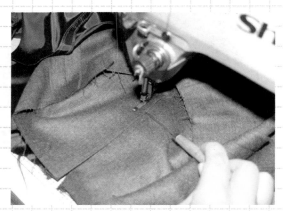

图1-1-22

图1-1-21 在面料上固定拉链缉明线（2）：缉至拉锁底端后转至右片，对齐后中缝缉缝0.8cm明线，此处须倒针回缝固定。

图1-1-22 在面料上固定拉链缉明线（3）：然后沿右片折净边缉缝0.8cm明线至腰口线。

图1-1-23

图1-1-24

图1-1-23 做吊带：将剪好的里布条对折双边后再对折，然后沿吊带两边各缉缝0.1cm明线。

图1-1-24 面、里料腰口对位：把裙里子放入裙筒内，由左至右将里子与面在腰口线上固定，里子省道位与面料省道位相同，为活褶。

图1-1-25

图1-1-26

图1-1-25 缉缝裙吊襻：把已做好的裙吊襻对折后放在侧缝上缉缝。

图1-1-26 烫里子腰部活褶：里子与裙片固定后，将里子腰部的活褶烫成锥形状。

图 1-1-27

图 1-1-28

图1-1-27 做腰头：将腰衬宽剪好，右边由拉锁边至第二条省道剪一条，右侧缝开始通过前中线至左侧缝剪一条。

图1-1-28 腰面烫衬：由左侧缝第一条省道至后中缝再加上3cm搭门剪一条，然后将剪好的腰衬粘烫在腰面背部。

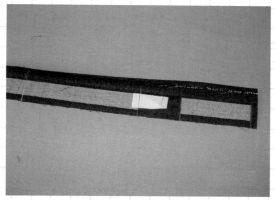

图 1-1-29

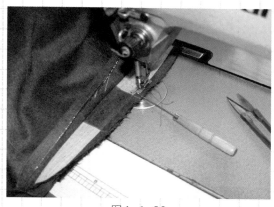

图 1-1-30

图1-1-29 扣烫腰面：按比腰衬宽0.2cm的尺寸将腰里毛边折烫平，再沿腰衬上口折烫腰里。剪好松紧带，伸缩量在2cm左右即可，可先将松紧带两端固定。

图1-1-30 绱腰头：将腰头面与裙片正面相对，由后中缝右片开始沿腰衬根处绱缝，要求腰头中点与前中片中点相对，左右要对称。

图 1-1-31

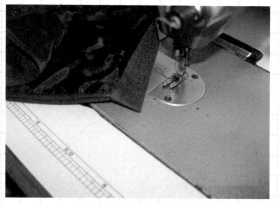

图 1-1-32

图1-1-31 勾缝腰头：右片腰头面里正面相对，由腰头上口勾缝右片端口。

图1-1-32 翻腰头：毛边向里翻出右片腰头并烫平。

图 1-1-33

图 1-1-33　压缉腰头明线（1）：沿腰头下口由后中缝开始压缉0.1cm明线，缉缝至第二条省道处直角转向腰上口，再由腰上口压缉0.1cm明线直角转向腰下口，两条明线宽0.4cm，接着沿腰头下口压缉0.1cm明线（松紧带两端方法相同）。

图 1-1-34

图 1-1-34　压缉腰头明线（2）：沿腰头外口由后中缝开始压缉0.1cm明线，缉缝至第二条省道处直角转向腰下口，至腰头宽的1/2处，拉平松紧带压缉明线至另一端。

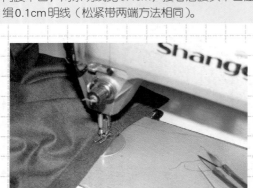

图 1-1-35

图 1-1-35　固定松紧带压缉明线：固定松紧带至前腰衬后压缉双明线0.4cm宽，再沿腰头外口压缉0.1cm明线，左右要对称。

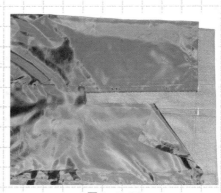

图 1-1-36

图 1-1-36　做后开衩：将右片里布留出缝合量（勾缝量2cm）剪掉多余部分，并且在上角处剪成45°的1cm长的剪口。

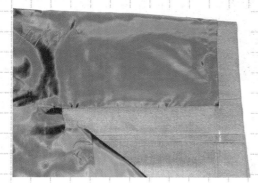

图 1-1-37

图 1-1-37　做后开衩（1）：先将左片里子与左片开衩的缝边勾缝并烫平。

图 1-1-38

图 1-1-38　做后开衩（2）：再将右片里子与右片开衩的缝边勾缝并烫平。

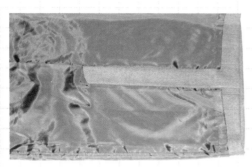

图 1-1-39

图1-1-39　做后开衩（3）：最后勾缝开衩上口缝边并烫平。

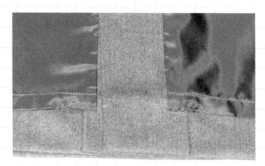

图 1-1-40

图1-1-40　固定里子：用缝纫线、三角针针法将里子固定到裙贴边上，长度为3cm即可，然后扦缝开衩底部及贴边，注意不要将针脚透到正面。

图 1-1-41

图1-1-41　固定线襻：在裙侧缝部位，用缝纫线做长度为4cm的线襻固定裙里裙面。

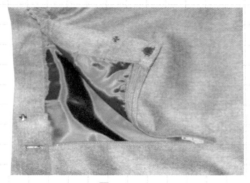

图 1-1-42

图1-1-42　钉缝裙钩、子母扣：先在右片腰头上钉缝裙钩，拉上拉锁比好位置，在左腰头上钉缝裙襻，再钉上子母扣加强裙腰。

图 1-1-43

图1-1-43　成品检验（1）：检查各部位尺寸无误后，剪掉缝纫线头并熨烫各部位，此图为前身。

图 1-1-44

图1-1-44　成品检验（2）：此图为后身。

实例 1-2

女衬衫

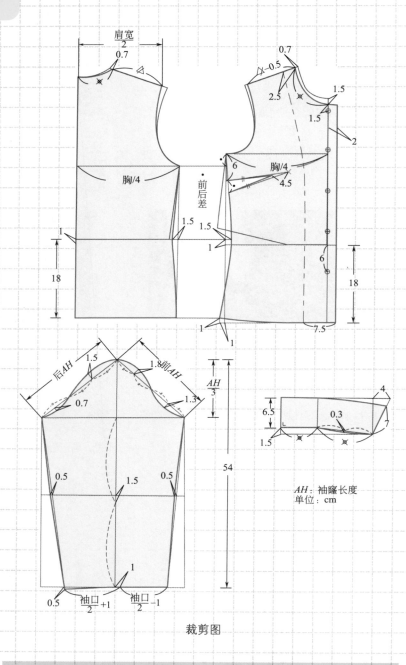

肩宽/2
0.7
0.7
△ -0.5
2.5
1.5
1.5
2
胸/4
6
胸/4
4.5
前后差
1.5
1.5
1
1
6
1
18
18
1
1
7.5
1

后AH — 1.5
1.8 前AH
$\frac{AH}{3}$
0.7
1.3
0.5
1.5
0.5
54
1
0.5
袖口/2 +1
袖口/2 -1

4
6.5
0.3
7
1.5

AH：袖隆长度
单位：cm

裁剪图

← 款式说明

　　此款衬衫是基础品种。领型为关门领、圆肩袖、散袖口，是初学者衬衫结构设计入门的最佳选择款式。

制图公式 ↘

1. 后片
（1）腰节线：先画一条腰节线。
（2）上平线：根据背长尺寸画上平线。
（3）后中线：与腰节线、上平线垂直画后中线。
（4）后领宽：$B/20+3.5cm$（从后中线向右画）。
（5）后领翘：领宽的$1/3-0.2cm$。
（6）后肩宽：肩宽的$1/2$（从后中线向右画）。
（7）后宽：后小肩向左$1.5cm$。
（8）袖窿深：$B/6+8cm$（从上平线向下画）。
（9）胸围：$B/4+2.5cm$（从后中线向左画）。
（10）后坡肩：后领宽的$1/3-0.5cm$（从上平线向下画）。

2. 前片
（1）上平线：根据腰节尺寸向上画上平线，过面宽$5cm$。
（2）画前中线：搭门$1.5cm$（从前中线向右画）。
（3）前领宽：后领宽$-0.2cm$（从前中线向左画）。
（4）前领深：$B/20+3.9cm$（从上平线向下画）。
（5）前小肩：后小肩$-0.3cm$。
（6）袖窿深：$B/6+8cm$（从上平线向下画）。
（7）前坡肩：后领翘$×2$。
（8）前宽：前小肩向右$2cm$。
（9）胸围：$B/4+2.5cm$（从前中线向左画）。
（10）乳点（BP点）：前宽的$1/2$向后$0.7cm$向下$4cm$。

3. 袖子
（1）袖长：根据袖长尺寸画上下平线。
（2）袖山：$AH/4+3cm$（从上平线向下画）。
（3）袖中线：从上平线向下画袖子的中心线。
（4）袖根肥：从袖山中点向袖山线分别画前后AH。
（5）前袖口：袖口线上，袖中线向右$1cm$，袖口的$1/2-1cm$。
（6）后袖口：袖口线上，袖中线向右$1cm$，袖口的$1/2+1cm$。

材料准备 ↘

材料	面料	衬料	扣
规格	110cm幅	90cm幅	1.5cm 直径
用量	125cm	55cm	5粒+1粒备扣

款式图

缝制顺序 ↘

1.画省道、打线钉、领子粘衬、扣烫前止口贴边和底边、袖口边
2.缉前片省道、烫省道
3.缝合肩缝、侧缝、袖缝、勾贴边底摆
4.包缝肩缝、侧缝、袖缝
5.烫肩缝、侧缝、袖缝
6.做领子（勾、翻、烫）
7.绱领子
8.缉底边、袖口
9.绱袖子
10.缝袖窿
11.锁眼、钉扣、整烫

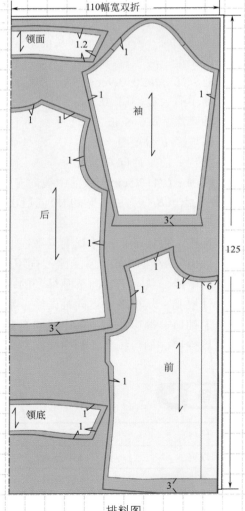

排料图

实例 1-3

女裤

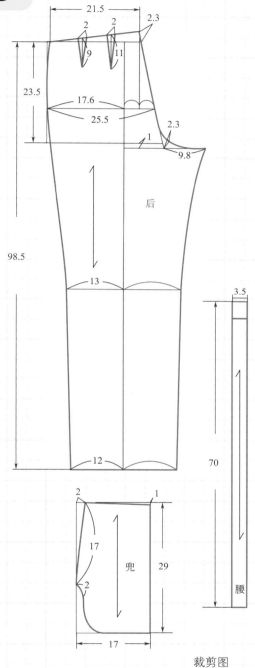

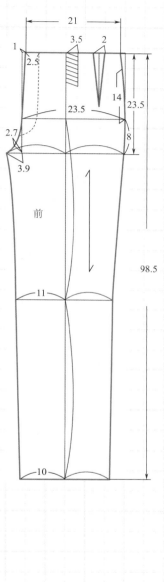

裁剪图

 ## 款式说明

基础裤具备了裤子的基本构件要素，掌握基础裤的结构原理，将为以后裤型变款打下良好的基础。

材料准备 ↘

材料	面料	拉链	扣
规格	140cm幅	20cm	1.5cm
用量	110cm	1条	1粒

款式图

缝制顺序 ↘

1. 打线钉
2. 包缝裤片
3. 归拔前裤片
4. 烫前裤片褶裥
5. 缉烫后裤片省道
6. 归拔后裤片
7. 缉合侧缝
8. 分烫侧缝
9. 做侧缝兜
10. 固定前片褶裥
11. 缉合下裆缝
12. 分烫下裆缝
13. 做前门拉锁
14. 做串带襻
15. 缝合后裆缝
16. 钉串带襻
17. 做腰头
18. 绱腰头
19. 缉腰头
20. 缉串带襻下口
21. 缉串带襻上口
22. 扦裤口
23. 锁眼钉扣
24. 整烫

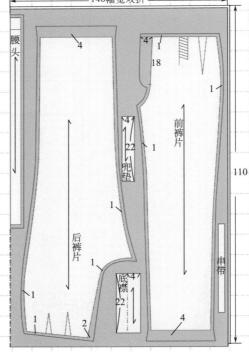

排料图

实例1-4

西裤

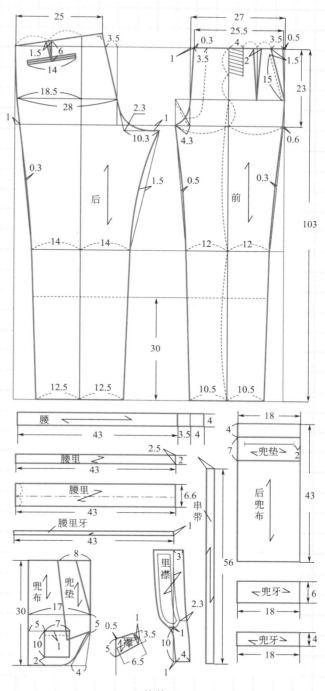

裁剪图

款式说明

此款为基础男西裤。制作工艺采用加放裤膝绸的高档精做方法，斜插兜绲0.8cm单明线。裤腰、里襟、垫裆布等部位的缝制方法是学习重点。

成品规格 ↘

部位	裤长	臀围	腰围	立档	裤口
尺寸	107cm	110cm	86cm	27cm	23cm

制图公式 ↘

1.前片

（1）裤长：裤长尺寸减4cm（腰头宽），画上、下平线。

（2）立档线：立档尺寸减4cm（腰头宽），由上平线向下画。

（3）臀围线：上平线至臀围线的1/3处，由立档线向上画。

（4）中档线：臀围线至下平线的1/2处，由下平线向上画。

（5）裤长直线：上、下平线之间画垂线。

（6）前臀围：臀围的1/4-0.5cm，由臀围线与裤长直线交点处向左画。

（7）小档宽：半臀围的1/10-1.2cm，由前中线向左画。

（8）烫迹线：立档线与裤长直线交点处向左0.6cm，再由0.6cm至小档宽端点的1/2处画垂线。

（9）腰围：腰围的1/4-2cm+6cm（褶裥），由前档线向右画。

（10）裤口：裤口-2cm，由烫迹线左、右两侧均分。

2.后片

（1）下平线、中档线、立档线、臀围线、上平线：把前片的下平线、中档线、立档线、臀围线、上平线向左侧延长，作为后片的下平线、中档线、立档线、臀围线、上平线。

（2）后裤长直线：上、下平线之间画垂线。

（3）烫迹线：臀围的2/10-3.5cm，由上平线向下画垂线。

（4）臀围：臀围的1/4+0.5cm，由臀围线与裤长直线交点处向右画。

（5）大档宽：臀围的1/10-0.7cm，由前中线向左画。

（6）大档宽下移线：由立档线向下画1cm。

（7）腰围：腰围的1/4+2cm+1.5cm（省），由后档线向左画。

（8）裤口：裤口+2cm，由烫迹线左、右两侧均分。

3.其他部位（详见裁剪图）

材料准备 ↘

材料	面料	里料	衬料	兜布	扣	拉链
规格	140cm幅宽	75cm幅宽	120cm幅宽	120cm幅宽	1.5cm直径	18cm
用量	140cm	105cm	55cm	75cm	2粒+1粒备扣	1条

缝制顺序 ↘

1.制作前片

（1）绷里布，包缝，打线钉。

（2）熨中线，缉省道，烫省道。

（3）做口袋，绱口袋。

2.制作后片

（1）打线钉，包缝。

（2）缉省道，拔裆。

（3）画兜位，挖兜。

3.缝合前后侧缝

（1）缝合侧缝，劈烫侧缝。

（2）固定带布。

4.缝合下裆缝

（1）缝合下裆缝

（2）劈烫下裆缝

5.做前门襟

（1）粘衬，做小襻，勾、翻、烫底襟。

（2）勾缝上襟，绱底襟，绱拉锁。

6.做腰带襻

（1）勾、翻、烫并缉明线。

（2）绱带襻

7.绱腰头

（1）粘衬，画线，折烫。

（2）做腰里，缝合腰头里、面。

（3）绱腰头，装裤钩。

（4）缉门襟、底襟明线。

8.缝合裆缝

（1）缝合并劈烫。

（2）绷缝裆垫布。

9.做手针

（1）固定腰垫衬。

（2）锁眼，钉扣。

（3）扦缝裤口、腰里。

10.整烫

（1）将需要熨烫的部位摆放平服。

（2）垫上水布后进行熨烫。

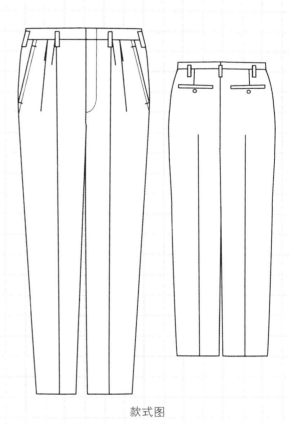

款式图

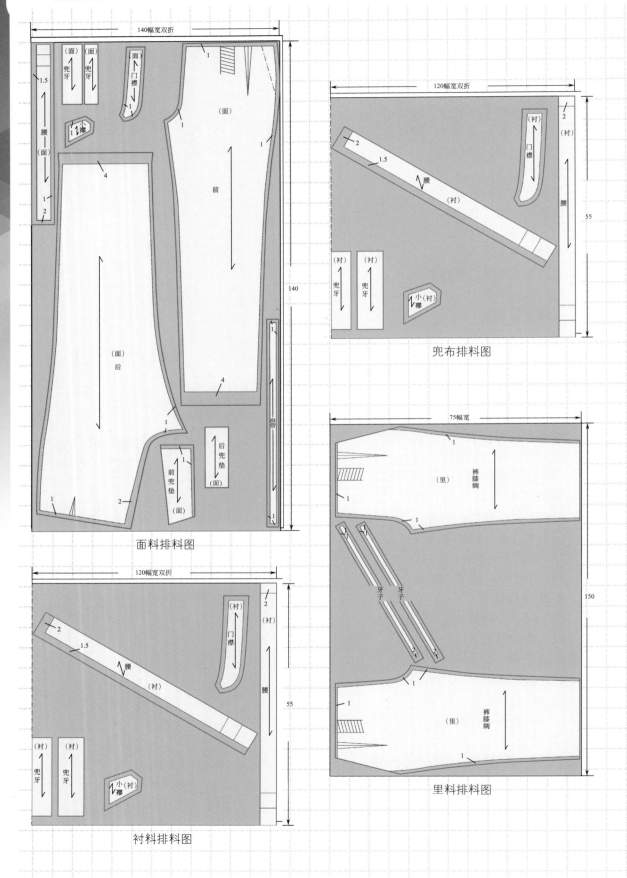

面料排料图

衬料排料图

兜布排料图

里料排料图

准备工作 ↘

1. 面料
2. 里料
3. 兜布
4. 有纺衬
5. 腰衬
6. 缝纫线
7. 裤钩
8. 拉锁
9. 扣子

缝制图解 ↘

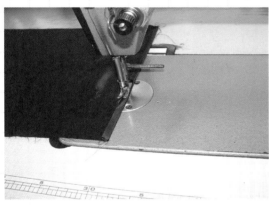

图1-4-1

图1-4-1　缉缝里子边：前片里布反面朝上，将下口边折净并缉缝0.1cm。

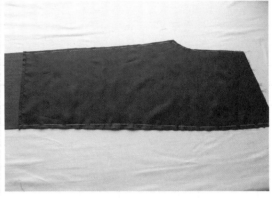

图1-4-2

图1-4-2　绷缝里子：前片与里子反面相对，里子在上，用白棉线沿缝边将里子与前片进行绷缝。

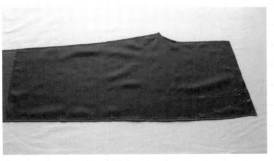

图1-4-3

图1-4-3　打线钉并包缝：左右前片正面相对，先按净样板画出省道、兜位及裤口线，然后打上线钉，再将裤片正面朝上进行包缝。

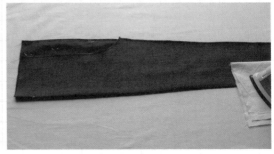

图1-4-4

图1-4-4　烫中线：裤片正面朝外，对折下裆缝与侧缝后垫上水布并进行熨烫。

图 1-4-5

图 1-4-5　缉缝省道：裤片正面相对，折合省道并按样板要求缉缝省道。

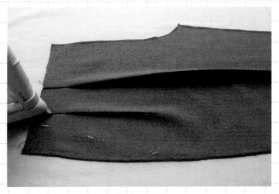

图 1-4-6

图 1-4-6　熨烫省道：裤片正面朝上，将省道量折向前裆并进行熨烫。

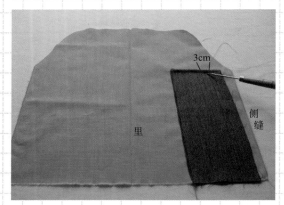

图 1-4-7

图 1-4-7　做口袋（1）：打开口袋布，将已包缝的垫兜布垫在口袋布上，由侧缝边向里3cm处开始沿包缝线缉缝。

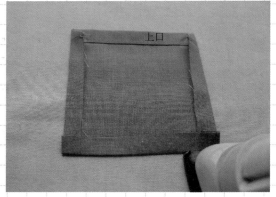

图 1-4-8

图 1-4-8　做口袋（2）：先将内袋的上口毛边三折边熨烫，宽度为1.5cm，并且沿边缉缝0.1cm，再扣烫内袋外口边。

图 1-4-9

图 1-4-9　做口袋（3）：将扣烫的内袋放在口袋布上进行缉缝固定。

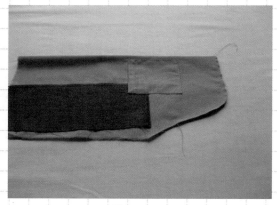

图 1-4-10

图 1-4-10　做口袋（4）：将口袋布反面朝外并折合上下片，距侧缝4cm宽开始勾缝口袋布的下口，宽度为0.5cm。

图1-4-11

图1-4-11 做口袋（5）：倒烫口袋布的下口缝边。

图1-4-12

图1-4-12 做口袋（6）：将口袋布翻正并进行熨烫。

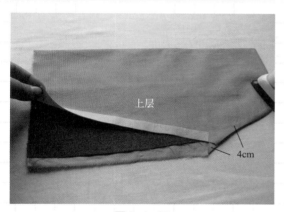

图1-4-13

图1-4-13 做口袋（7）：修净斜插袋的兜口边，并且在上层口袋布的表面粘烫直丝衬布条。

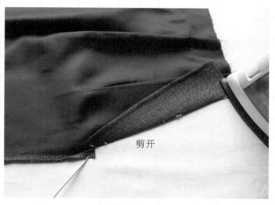

图1-4-14

图1-4-14 做口袋（8）：将裤片反面朝上，先在兜口下端处打剪口，然后按线钉折烫兜口贴边。

图1-4-15

图1-4-15 绱口袋布：裤片正面朝上，将裤片的兜口边与兜布的斜线边重合，兜口贴边朝上沿包缝边进行缝合。

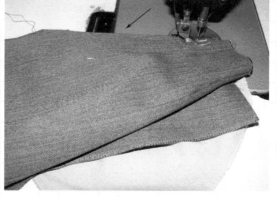

图1-4-16

图1-4-16 缉兜口明线：先将口袋布折至裤片的反面，沿兜口边缉缝0.4cm宽明线。

图1-4-17

图1-4-17　兜口封结：将已缉缝垫兜布放在兜口的下端，注意打开下层的兜布，在上下兜口处封结并分别转至腰口与侧缝，沿边缉缝0.1cm宽明线。

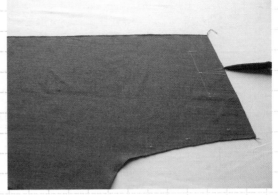

图1-4-18

图1-4-18　打线钉：将左右片正面相对，按净粉线将省道、兜口、裤口、裆缝处打线钉。

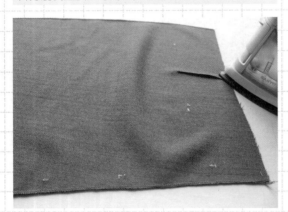

图1-4-19

图1-4-19　缉缝省道：裤片正面相对，按线钉缉缝省道，将省道倒向后裆缝并进行熨烫。

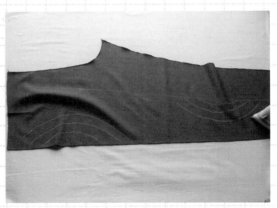

图1-4-20

图1-4-20　归拔侧缝：以裤中线为界限，归拔侧缝边，拔中裆外口的同时归烫中线部位，然后归烫臀高部位的侧缝量，将多余量推至臀部所需处。

图1-4-21

图1-4-21　归拔侧缝完成：在侧缝为直线的前提下，裤中线至侧缝所显示的部位为平整状态。

图1-4-22

图1-4-22　归拔下裆缝：以裤中线为界限，归拔下裆缝边，沿画箭头拔开后裆缝，使下裆缝形成直线，然后归拔中裆部位。

图 1-4-23

图1-4-23　归拔下裆缝完成：在下裆缝为直线的前提下，裤中线至下裆缝所显示的部位为平整状态。

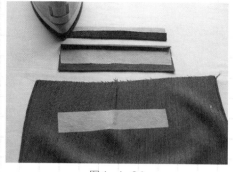

图 1-4-24

图1-4-24　挖后兜（1）：第一步将裤片反面朝上，在兜口的位置上粘烫衬布，宽度为3cm，长度比兜口大3cm，在兜牙布的反面粘烫衬布并折烫2cm宽双折边。

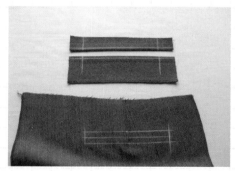

图 1-4-25

图1-4-25　挖后兜（2）：裤片正面朝上，按线钉画出兜口中线及兜口的宽窄线，在中线的基础上分别向上、下各画1cm的平行线，同时在兜牙布的宽面上各画出0.5cm宽的缉缝线及兜口宽线。

图 1-4-26

图1-4-26　挖后兜（3）：裤片正面朝上，将兜布垫在裤片的反面，要求高出兜口3cm宽，再将兜牙布的窄边与裤片正面相对，兜牙布的双折边对准兜口线进行缉缝，上下牙的方法相同，注意缉缝线的两端一定要"回针"缉牢固。

图 1-4-27

图1-4-27　挖后兜（4）：沿兜口中线剪开裤片，距兜口两端1cm处分别剪成三角状，显示为兜口的正面状态。

图 1-4-28

图1-4-28　挖后兜（5）：将两端的三角翻至裤片的背面，沿兜口两端的根部进行"回针"缝结。

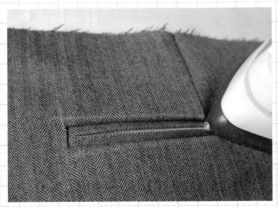

图 1-4-29

图1-4-29　挖后兜（6）：裤片正面朝上，熨烫兜口的双牙边。

图 1-4-30

图1-4-30　挖后兜（7）：先将裤口片折向腰口处，再将已包缝的下兜牙沿边与兜布缉缝。

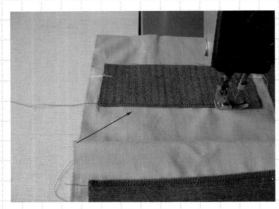

图 1-4-31

图1-4-31　挖后兜（8）：口袋布的另一端要求与腰口毛缝边高度相同，摆好兜口的高度位置后向上2cm摆准垫兜布，沿下口的包缝边与兜布固定。

图 1-4-32

图1-4-32　挖后兜（9）：将腰口边向下折，对准兜口部位沿上兜牙的缉缝线固定。

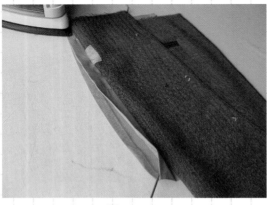

图 1-4-33

图1-4-33　挖后兜（10）：将口袋布的两侧边的毛边向里折净1cm宽，腰口部位可折成弧线状。

图 1-4-34

图1-4-34　挖后兜（11）：沿折净边缉缝0.5cm宽明线。

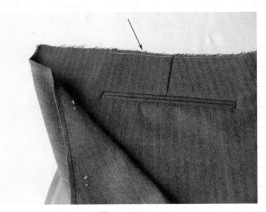

图 1-4-35

图 1-4-35　挖后兜（12）：裤片正面朝上，沿腰口边 0.5cm 宽将兜布固定。

图 1-4-36

图 1-4-36　缝合侧缝：前后裤片正面相对，缝合侧缝并进行劈烫。

图 1-4-37

图 1-4-37　扣烫下层兜布：将下层兜布的毛边扣烫并与侧缝边固定 0.1cm。

图 1-4-38

图 1-4-38　缉缝口袋下口明线：沿口袋的下口边缉缝 0.4cm 宽明线。

图 1-4-39

图 1-4-39　固定裤片腰与口袋上口：将裤片腰口与口袋上口固定，宽度为 0.5cm。

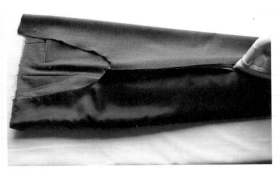

图 1-4-40

图 1-4-40　缝合下裆缝：前后裤片正面相对缝合下裆缝，裆弯至中裆处要求缉缝双线，垫上烫板进行劈烫。

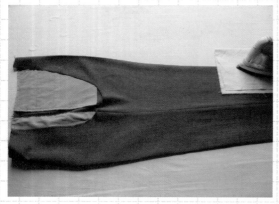

图1-4-41

图1-4-41　熨烫中线：将裤片翻至正面，在前裤线为直线的前提下熨烫后中线。

图1-4-42

图1-4-42　粘烫门襟衬：在上襟的反面粘烫衬布并沿里口的正面进行包缝，底襟小片面的反面粘烫衬布，底襟小片里的反面画出净粉线。

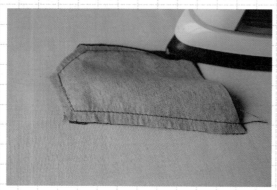

图1-4-43

图1-4-43　做底襟（1）：底襟小片里、面正面相对，沿净粉线进行勾缝，注意底襟面要有吃度，修剪缝边为0.5cm宽并倒向底襟面熨烫。

图1-4-44

图1-4-44　做底襟（2）：缉缝底襟小片明线，宽度为0.4cm。

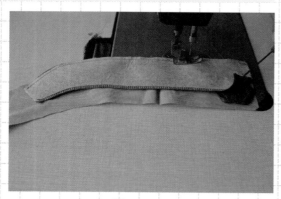

图1-4-45

图1-4-45　做底襟（3）：先在底襟的反面粘烫衬布并沿里口的正面进行包缝，面与里正面相对，将底襟小片与底襟正面相对进行"夹缝"外口线。

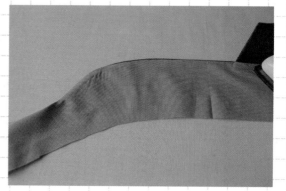

图1-4-46

图1-4-46　做底襟（4）：将缝边倒向底襟面并熨烫，翻至正面并将底襟里朝上熨烫，注意不要倒吐边。

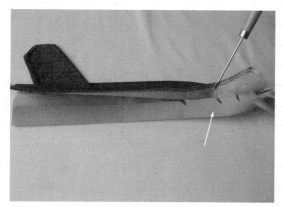

图 1-4-47

图1-4-47 做底襟（5）：齐底襟面的缝边熨烫底襟里的缝边，在弯线处可打几个剪口将弯线烫顺。

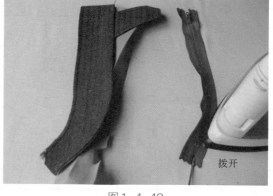

图 1-4-48

图1-4-48 做底襟（6）：先打开底襟的里、面，并且将底襟面朝上，再将拉锁的边线拨开。

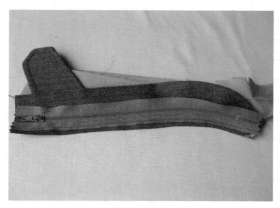

图 1-4-49

图1-4-49 做底襟（7）：将拉锁放在底襟面上，沿边线进行缉缝。

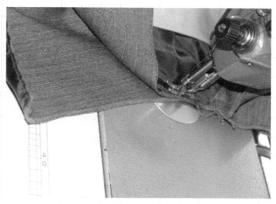

图 1-4-50

图1-4-50 缝合前小裆缝：左右前裤片正面相对，由下裆缝缉缝至前开口处，注意一定要"回针"。

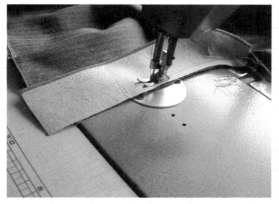

图 1-4-51

图1-4-51 勾上襟（1）：将上襟片与左前片正面相对，上襟片过门襟底端2cm，对齐前裆缝勾缝1cm。

图 1-4-52

图1-4-52 勾上襟（2）：先将勾缝边倒向上襟片，沿上襟边缉0.1cm宽明线。

图 1-4-53

图 1-4-53　勾上襻（3）：倒向裤片并熨烫。

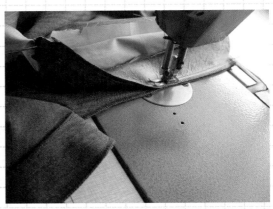

图 1-4-54

图 1-4-54　绱底襻：打开底襻并与裤片正面相对，沿缝边进行缉缝。

图 1-4-55

图 1-4-55　绷拉锁：左右前裆缝相搭0.5cm宽，先用棉线将拉锁的另一端与上襻进行绷缝。

图 1-4-56

图 1-4-56　缉缝拉锁：打开上襻片并正面朝上，将拉锁与其固定。

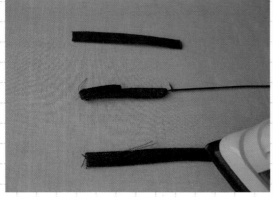

图 1-4-57

图 1-4-57　做穿带襻：正面相对缉缝1cm宽，修剪缝边为0.4cm宽并劈缝，用钩子将正面翻出并熨烫，然后沿两边各缉缝0.1cm宽明线。

图 1-4-58

图 1-4-58　绱带襻：将带襻的反面朝上与腰口缝边对齐并固定，宽度为0.5cm。

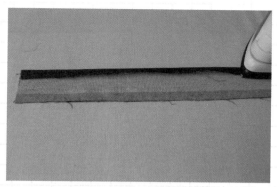

图 1-4-59

图1-4-59 做腰头面：在腰头面的反面先粘烫无纺衬布，然后再将净腰衬粘在上面，按净腰衬边扣烫上口毛边。

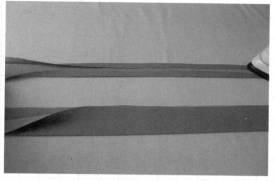

图 1-4-60

图1-4-60 做腰头里（1）：正面朝外对折宽的斜丝布，然后将窄的斜丝布两边的毛边进行扣烫，宽度为2cm。

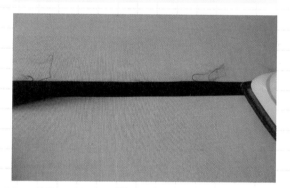

图 1-4-61

图1-4-61 做腰头里（2）：扣烫防滑条，正面朝外对折扣烫。

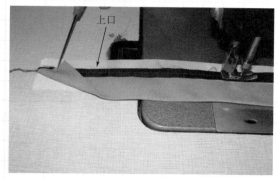

图 1-4-62

图1-4-62 做腰头里（3）：防滑条在上，腰里垫衬在下，将对折斜条夹在中间进行缉缝，注意缉缝线至腰上口为2cm宽，防滑条宽为0.3cm，对折斜条宽为3cm。

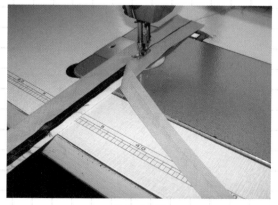

图 1-4-63

图1-4-63 做腰头里（4）：将扣净的斜丝布一边压住防滑条上的缉缝线，沿净边缉缝0.1cm。

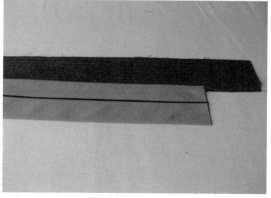

图 1-4-64

图1-4-64 缝合腰里面：腰里净边压住腰面的扣烫边，距腰面上口0.2cm宽沿腰里进行缉缝，宽为0.1cm。

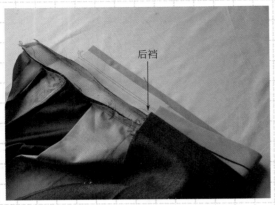

后裆

图 1-4-65

图 1-4-65　绱右腰头：将右腰头面与右裤片正面相对，腰头的一端齐后裆毛缝，腰头面在上过净衬0.1cm进行缉缝，缉至前门襟处打开底襟。

图 1-4-66

图 1-4-66　绱左腰头：将左腰头面与左裤片正面相对，腰头的一端齐后裆毛缝，腰头面在上过净衬0.1cm进行缉缝，缉至前门襟处打开上襟。

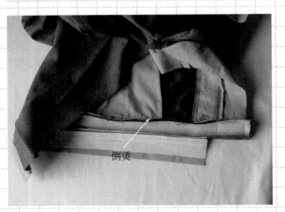

倒烫

图 1-4-67

图 1-4-67　扣烫绱腰头所缉缝边：将所缉缝边倒向腰头并熨烫。

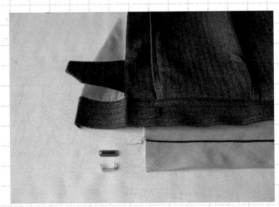

图 1-4-68

图 1-4-68　装裤鼻：在右裤片上，画出位置线后进行安装。

图 1-4-69

图 1-4-69　绷右腰头：按底襟外口折净腰头并用棉线绷缝。

图 1-4-70

图 1-4-70　装裤钩：打开左裤片的上襟片，先按上襟外口扣净腰头的毛边，画出裤钩位置进行安装。

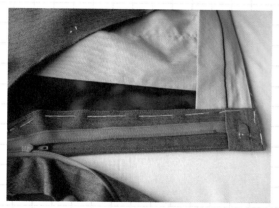

图 1-4-71

图 1-4-71　绷缝上襟：用棉线将上襟进行绷缝。

图 1-4-72

图 1-4-72　缉底襟明线：先用棉线将底襟里进行绷缝，再沿裤片净边缉0.1cm宽明线。

图 1-4-73

图 1-4-73　缉上襟明线：按样板画线，打开底襟后缉缝上襟明线至腰头上口。

图 1-4-74

图 1-4-74　门襟缝结：裤片正面朝上，将底襟正面朝上放平，拉上拉锁并在门襟底端呈45°缝结。

图 1-4-75

图 1-4-75　缝合后裆缝：左右后裤片正面相对，先接前裆缝缝合后裆缝至腰里的上口，注意后裆缝为双重线，然后放在铁凳上劈缝烫顺。

图 1-4-76

图 1-4-76　绷裤底布：将裤片放在铁凳上扣净裤底布用棉线绷缝。

图 1-4-77

图 1-4-77　绷腰里垫衬：腰里朝上并掀开，用棉线将腰里垫衬绷缝。

图 1-4-78

图 1-4-78　固定带襻（1）：裤片正面朝上，注意将下层的腰里向上掀开，由腰头里口向下1cm处缉缝并进行"回针"。

图 1-4-79

图 1-4-79　固定带襻（2）：带襻折向腰上口，毛边距腰上口0.1cm宽，压带襻0.3cm宽进行缉缝。

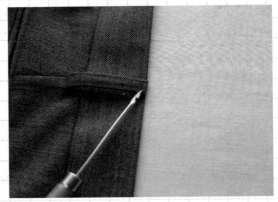

图 1-4-80

图 1-4-80　固定带襻（3）：再将腰带襻向上折，压住带襻毛边后缉缝0.1cm宽。

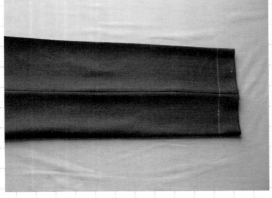

图 1-4-81

图 1-4-81　画裤口线：按线钉画出裤口线，注意后片烫迹线处略长0.2cm。

图 1-4-82

图 1-4-82　绷裤脚：折烫裤脚贴边并用棉线绷缝，然后扦缝暗针。

图 1-4-83

图 1-4-83　固定腰里垫衬：用缝纫线、三角针针法将腰里垫衬进行固定，再将腰贴边用缝纫线、撬针针法将腰贴边进行固定。

图 1-4-84

图 1-4-84　固定腰里、画底襟扣位：用缝纫线将腰里与裤片裆缝、前后兜布、侧缝进行固定，在底襟小片的正面画上扣眼位。

图 1-4-85

图 1-4-85　封结：在裤片的反面，将上襟与底襟沿外口缉缝固定 2cm 左右。

图 1-4-86

图 1-4-86　锁眼并钉扣（1）：在后兜口中间的下端画出扣眼位并锁扣眼，在垫兜布上钉扣。

图 1-4-87

图 1-4-87　锁眼并钉扣（2）：底襟小片上锁眼，左腰里上钉扣。

图 1-4-88

图 1-4-88　成品检验：检查各部位尺寸无误后，剪掉线头并整烫。

实例 1-5

女西服

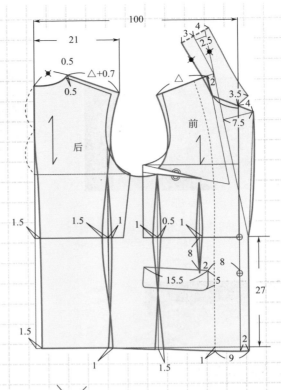

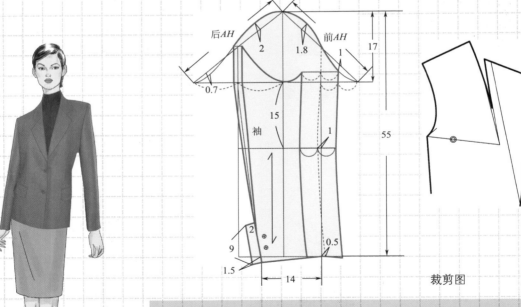

裁剪图

款式说明

　　此款为平驳头、三开身、两粒扣正装女西服。适合不同年龄的人群穿用。在制作工艺上相对比较烦琐，因此，制作女西服要有一定的工艺缝制基础。在女西服制作中要注意把握造型的挺括、领子的平服、袖子的圆顺等一系列的要点。

材料准备 ↘

材料	面料	里料	衬料	扣	扣
规格	140cm幅	140cm幅	90cm幅	2.5cm	1.5cm
用量	150cm	120cm	140cm	2粒	4粒

款式图

缝制顺序 ↘

1. 做前片

（1）粘衬，画净线，打线钉，打剪口。

（2）缉省道，劈省道，归拔前片，粘烫牵条。

（3）挖口袋，勾烫过面，勾里子。

2. 做后片

（1）粘衬，缝合后中缝，归拔后片。

（2）粘烫牵条，分烫中缝。

3. 组合前后片

（1）缉缝侧缝，分烫侧缝，折烫底边。

（2）勾缝里子，倒烫里子。

（3）缉缝肩缝，分烫肩缝。

4. 做领子

（1）粘衬，画净样，归拔领里、领面。

（2）勾领子，烫领子。

5. 绱领子、勾底边、翻大身

6. 做袖子、绱袖子、绱垫肩

7. 锁眼、钉扣、扦边

8. 整烫

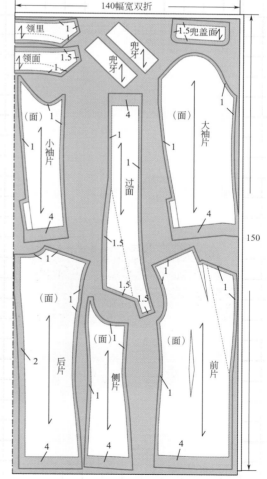

面料排料图

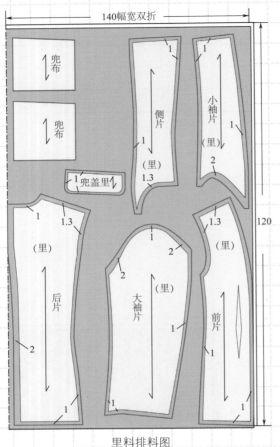

里料排料图

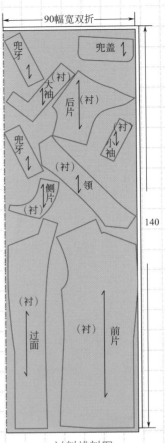

衬料排料图

缝制图解 ↘

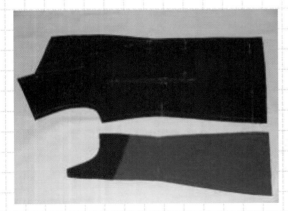

图1-5-1

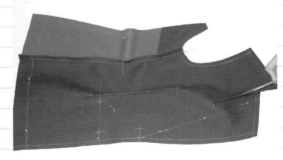

图1-5-2

图1-5-1　打线钉：在粘好衬布的前片上先用样板将净粉线画好，再用白棉线将省道、腰线、底边、驳口线、扣位、兜口位打上线钉，以保证左右片位置一致。

图1-5-2　缉省道：按线钉所标位置缉缝领省、前腰省，对好腰线将前侧片与前中片进行缝合。用剪刀将缉缝好的省道沿省中线剪开至距省尖3cm的位置。

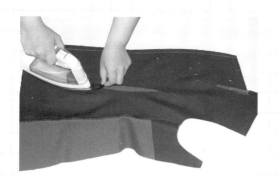

图1-5-3

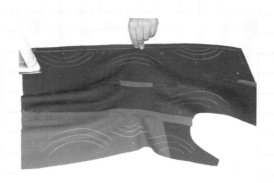

图1-5-4

图1-5-3 烫省道：先将剪开的领省、腰省进行劈缝，然后用衬布将省尖位熨烫固定，以防止缝边脱丝。

图1-5-4 归拔前片：按所画符号，归烫驳头外口、前袖窿、侧缝，拔烫腰线。要求归拔后的前中线的经纱正直。

图1-5-5

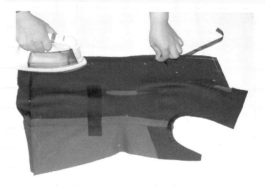

图1-5-6

图1-5-5 粘牵条：将归烫好的袖窿粘上牵条以防止拉抻，注意牵条的拉力要适中，以保证胸部的造型。

图1-5-6 粘止口牵条：用牵条将归烫好的止口固定，牵条粘在净粉线里侧。注意第一粒扣位以下要平粘，而以上的驳头外口要稍带拉力粘烫，以防止驳头外口松弛。在兜口位上粘烫5cm左右宽的衬布。

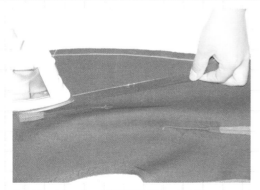

图1-5-7

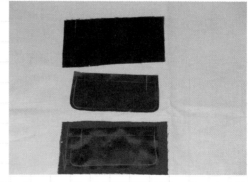

图1-5-8

图1-5-7 粘烫驳口牵条：沿驳口线内侧粘烫牵条，注意粘烫时要稍带拉力。

图1-5-8 做兜盖：将衬布粘在兜盖面的背面，用净样板画好兜盖里。把兜盖面与兜盖里正面相对进行勾缝，注意兜盖面前止口丝道要正直，兜盖面的吃缝量要适中。

图 1-5-9

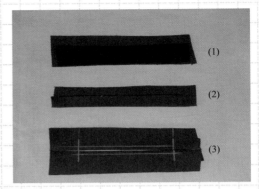

(1)

(2)

(3)

图 1-5-10

图1-5-9　烫兜盖：把绲缝好的兜盖缝边削成0.5cm，先将缝边倒向兜盖面熨烫，然后翻出兜盖面再熨烫外口。在兜盖表面上用隐形画粉画出兜盖宽线及前止口位。

图1-5-10　做兜牙：先在兜牙布的背面粘烫衬布，然后将兜牙2cm宽折成双层，在折好的兜牙较宽的一面将兜口宽画好。

图 1-5-11

图 1-5-12

图1-5-11　画兜位：在归拔好的前片面上，用隐形画粉画出兜位，宽度是以兜口为中心上下各画1cm宽，兜口的大小比兜盖小0.2cm留出"里外容"量。

图1-5-12　绲缝兜盖：将做好的兜盖绲缝在兜布上，注意绲缝要在兜盖宽以外。兜布可用里布或棉布，选用棉布时需裁剪垫兜布。

图 1-5-13

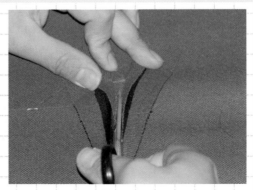

图 1-5-14

图1-5-13　挖兜：将兜牙布与兜口位对准后绲缝，绲缝时不要抻拉兜牙，绲缝的始末均要回针。

图1-5-14　剪开兜口：先沿兜位中线剪开兜口至距兜口两端1cm处，再分别剪至绲缝兜牙的线根部，将兜口两端剪成三角状。

图 1-5-15

图 1-5-16

图1-5-15　封兜口：把兜牙布翻到前身背面，将兜口两端的三角固定在兜牙布上。

图1-5-16　缝合兜布与下兜牙：将剪好的兜布与下兜牙缝合。

图 1-5-17

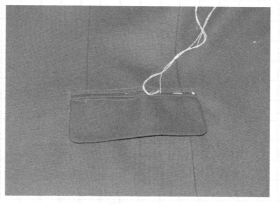

图 1-5-18

图1-5-17　熨烫兜牙和兜布：前身背面朝上熨烫兜牙，将缝合好的兜布倒缝烫平。

图1-5-18　掏摆兜盖：由背面揿出兜盖并摆平，将上兜牙边压在兜盖的画线上用棉线固定。因兜盖比兜口大0.2cm，固定时可稍揿拉兜口。

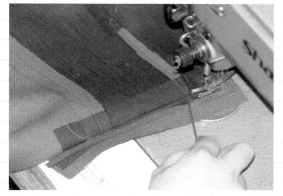

图 1-5-19

图 1-5-20

图1-5-19　固定兜盖：翻折前身，沿兜口上牙布的缉缝线印缉缝固定住兜盖，注意缉缝线的始末均要有回针。

图1-5-20　缝合兜布：最后将两层兜布进行缝合，注意兜布下口处为圆形，左右兜布的深浅要一致。

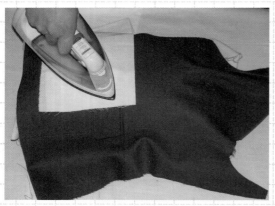

图1-5-21

图1-5-21　熨烫兜盖：把前身放在"馒头"上，垫上水布熨烫兜盖。注意要呈弧线熨烫，以符合立体造型。

图1-5-22

图1-5-22　固定兜布与前身：在前身背面，用衬布将兜布与前身固定。

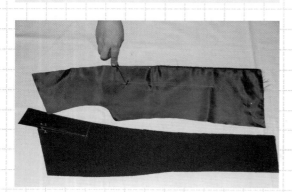

图1-5-23

图1-5-23　缉缝扣烫过面省道：在粘好衬布的过面上画上省道并打好线钉，省道与前片领省做法相同。用锥子点好里子省道，左右对称缉缝省道并将其倒向中线烫平。

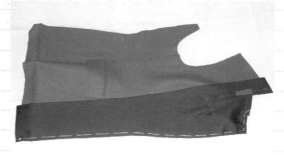

图1-5-24

图1-5-24　绷缝过面：过面与前身正面相对，先用棉线绷缝止口，注意在驳头处过面要留出适当的"里外容"量，然后沿净粉线缉缝止口。

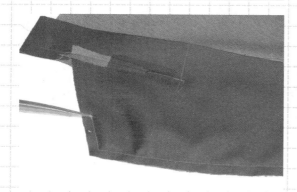

图1-5-25

图1-5-25　剃止口：用剪刀垂直剪至缉线的根部。

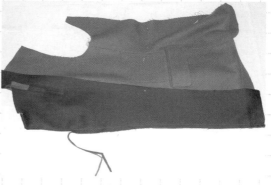

图1-5-26

图1-5-26　修剪止口缝边：将止口缝边修剪为0.5cm。

图1-5-27

图1-5-28

图1-5-27　扣烫缝边倒向过面并缉缝固定：将缝边倒向过面，由底边开始至距第一粒扣位2cm处沿缝边缉缝0.1cm明线。

图1-5-28　扣烫缝边倒向前身并缉缝固定：再将缝边倒向前身，由距第一粒扣位向上2cm处开始沿缝边缉缝0.1cm明线。

图1-5-29

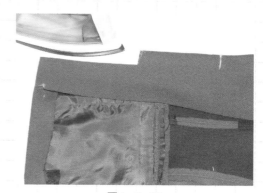

图1-5-30

图1-5-29　勾底边：折合过面与前身底边重合，由止口开始缉缝至过面外口折边（1cm宽）处回针。

图1-5-30　翻出前衣角加剪口扣烫：翻出前衣角并垫上水布熨烫，注意不要"倒吐"止口。距底边1.5cm处，将过面外口剪开1cm剪口，折至背面并烫平。

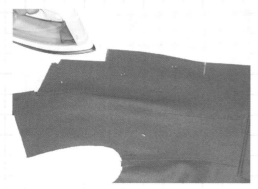

图1-5-31

图1-5-32

图1-5-31　烫驳头：将翻好的驳头外口垫上水布熨烫，注意熨烫时不要抻拉，过面外口烫出0.3cm量，防止驳头外翻后有"倒吐"现象。

图1-5-32　缉缝里子：对好腰线缝合里子侧片，并且将缝边倒向前中线烫平。将里子与过面正面相对缉缝至已剪好的1.5cm处，把缝边倒向里子并熨烫。

图1-5-33

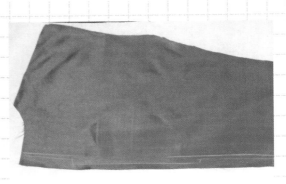

图1-5-34

图1-5-33　修剪里子：将里面重合，翻折好驳头外口，对齐里面的腰线后修剪里子。

图1-5-34　做后片：在后背缝线的基础上，由领深向下10cm左右开始向下20cm处向外画出1cm，其他均画出0.5cm作为"眼皮"量，然后沿所画线迹缉缝。

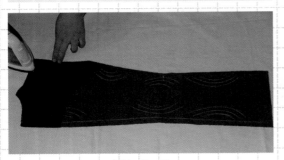

图1-5-35

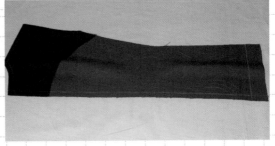

图1-5-36

图1-5-35　归拔后片：在后片背面粘烫肩衬布，按所画符号进行归拔。首先归烫袖窿、肋缝，拔出腰身后归烫摆缝，然后归烫中缝。

图1-5-36　归拔熨烫后片：归拔好后身，将平面的造型通过归拔以达到符合人体曲线的要求。

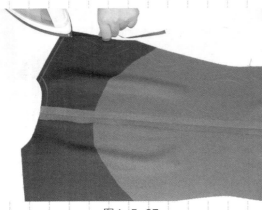

图1-5-37

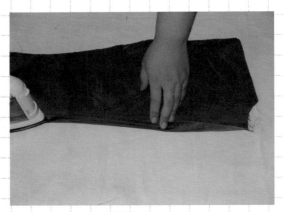

图1-5-38

图1-5-37　粘牵条：将归拔好的后身背缝进行缉缝，注意缉缝时不要抻拉，然后分缝烫平。将牵条粘烫在袖窿上，要略带拉力粘烫牢固。

图1-5-38　做后里子：首先缉缝里子后中缝，然后将缝边倒向右片并熨烫平服，注意留出0.5cm"眼皮"量。

图 1-5-39

图 1-5-39 合侧缝：将前后身正面相对缉缝侧缝线，注意要对齐腰线刀口。腰线至袖窿的 1/2 以上部分要略吃后片，缝合后分缝烫平。

图 1-5-40

图 1-5-40 扣底边：分烫好侧缝后，将后身底边按印迹扣烫，注意要与前身底边烫圆顺。

图 1-5-41

图 1-5-41 缝合里子侧缝：同大身缉缝方法相同，将缝合好的侧缝倒向里子中缝烫平，注意留出 0.3cm "眼皮"量。

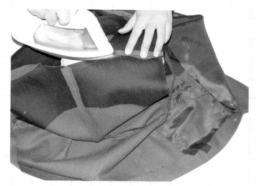

图 1-5-42

图 1-5-42 缉缝肩缝：将前后小肩正面相对进行缝合，根据面料的质地特点，后小肩中部要有适当吃量。分烫肩缝时将缝子略向前归烫，使其符合人体造型。

图 1-5-43

图 1-5-43 缉缝里子肩缝：用与缝合大身相同方法缉缝里子肩缝，将缝边倒向后身烫平，注意留出 0.3cm "眼皮"量。

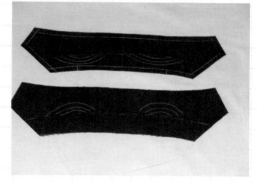

图 1-5-44

图 1-5-44 做领子：先将粘好衬布的领里用净样板画好，同时画出领中点、小肩对应点。领面粘烫衬布后按所画归拔符号进行归拔。

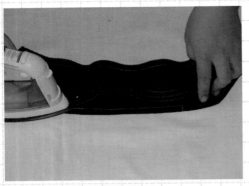

图1-5-45

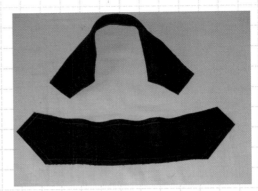

图1-5-46

图1-5-45　归拔领里、领面：先拔领底，注意在拔领底的同时要归烫领中口，归烫时熨斗不要烫过领中口线。以相同方法归拔翻领外口。

图1-5-46　检查排放领里、领面：检查归拔好的领里、领面是否合适，将领底翻折后，领中口应圆顺、无褶皱，放平后的领里口基本上呈直线状。

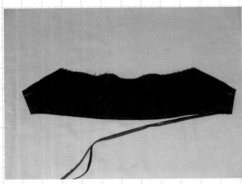

图1-5-47

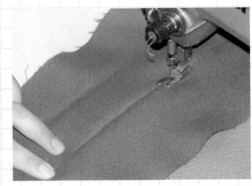

图1-5-48

图1-5-47　勾领子：将领里、领面正面相对，沿领里所画净粉线缉缝领外口，注意领面要有适当的"吃量"防止倒吐，然后将缝边剃成0.5cm宽。

图1-5-48　做领子（1）：将剃好的缝边倒向领里，见领里边缉缝0.1cm明线固定缝边，然后翻出领正面进行熨烫。

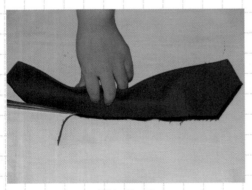

图1-5-49

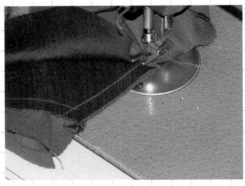

图1-5-50

图1-5-49　做领子（2）：按领中口翻折领面，修剪领面里口缝边，并且剪出小肩对应点。

图1-5-50　绱领子（1）：领里与大身正面相对，对准绱领点平缉领子串口至方领口顶角处，注意顶角点要正好重合在领省线上。

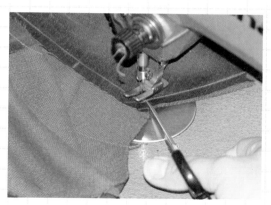

图 1-5-51

图1-5-51　绱领子（2）：当缝至方领口顶角处，机针不动，抬起压脚，用剪刀沿缝边剪至线根处，不要剪断缝纫线。

图 1-5-52

图1-5-52　绱领子（3）：然后转动大身继续绱缝，对好小肩的对应点、领中点，左右绱领方法相同，注意绱缝时不要抻拉后领口。领面与过面相缝合。

图 1-5-53

图1-5-53　绱领子（4）：将绱好的领缝进行劈缝，在领面与小肩接合处打剪口并向里子方向倒烫。用衬布条将打剪口的部位粘烫牢固。

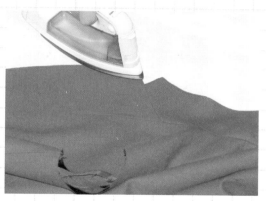

图 1-5-54

图1-5-54　翻烫领子：把领外口翻正后，熨烫驳头与领外口使之平服。

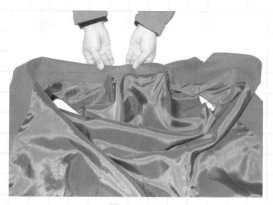

图 1-5-55

图1-5-55　固定领子里口：将里子向上摆好，按驳口线翻折领面呈穿着状态。

图 1-5-56

图1-5-56　固定领面和领里：再掀起里子露出领里口缝边，用棉线将领面与领里缝边固定。

图 1-5-57

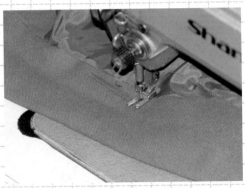

图 1-5-58

图1-5-57　做吊襻：把折好的直丝里布对折，再双折成0.8cm宽，沿两侧缉缝0.1cm明线，剪成7cm宽。

图1-5-58　钉吊襻：把做好的吊襻折净两端后缉缝在领底上，距领里口1.5cm宽，注意要缉牢固。

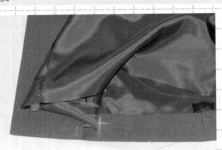

图 1-5-59

图 1-5-60

图1-5-59　勾底边：将前衣角处的过面、里布摆平服，画好里子与底边的对应点，左右衣角相同。由背面翻出大身，里子与底边正面相对并对好对应点，由右至左开始勾缝底边。

图1-5-60　勾缝固定底边：勾缝底边要对准里面的各缝点，然后用缝纫线、三角针将底边固定到大身上，注意针角不要透到正面上。

图 1-5-61

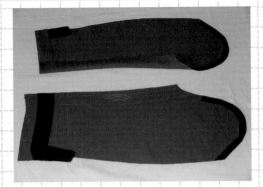

图 1-5-62

图1-5-61　固定侧缝：由袖窿处翻出大身正面，在侧缝线上对齐里面的腰线剪口，用棉线将里子缝边叠缝到侧缝上，由距底边10cm处起针至距袖窿10cm处收针，每针长4cm左右。

图1-5-62　做袖子：在袖口处粘烫衬布，袖山可根据面料质地粘烫斜丝衬布条。按所画归拔符号进行归拔前袖缝，注意归拔时熨斗不要压过袖折线，然后按袖长折烫袖口贴边，归拔好袖片。

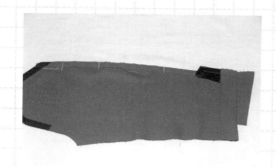

图 1-5-63

图 1-5-63　缉缝后袖缝：见大袖缉缝后袖缝，大袖袖山高向下10cm处、大袖袖肘部位，要根据面料质地进行吃缝，注意大袖的贴边处要折缝。

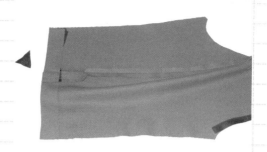

图 1-5-64

图 1-5-64　劈烫袖缝：将开衩倒向大袖，在袖衩上端点，45°斜线将小袖缝边剪至线根处，把小袖摆平服后分缝烫平后袖缝，然后用衬布将剪口处固定并折烫小袖底边。

图 1-5-65

图 1-5-65　做袖衩：在袖衩下端处，距袖底边2cm处剪0.5cm的剪口，再将大袖的缝边剪成0.5cm宽、长约2cm。

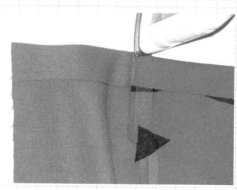

图 1-5-66

图 1-5-66　折烫袖缝：剪好大袖缝边后，将小袖缝边折至背面烫平。

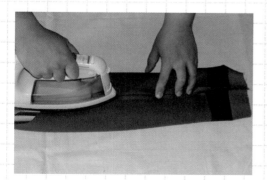

图 1-5-67

图 1-5-67　缉缝前袖缝：大小袖正面相对，见小袖缝合前袖缝。大袖的袖山向下10cm和袖口向上10cm的位置要吃缝，中间部分平缉。然后将烫板放入袖筒内，分缝烫平袖缝。

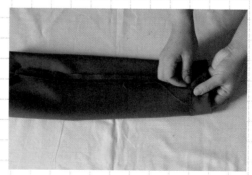

图 1-5-68

图 1-5-68　手针固定袖边：用缝纫线、三角针针法将袖贴边固定，针距约2cm。

图 1-5-69

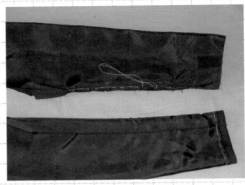

图 1-5-70

图 1-5-69　做袖里子：用与缝合面料前后袖缝的吃量相同方法缉缝前后袖缝，然后分别将袖缝倒向大袖并烫平。

图 1-5-70　固定袖里子：将里面的小袖背面相对，里子比面的袖山多出 1.5cm，袖缝两端各留 10cm 用棉线固定里面缝边。然后由里子筒内翻出袖子，将里子距袖口 1.5cm 宽折净毛边，并且用棉线绷好。

图 1-5-71

图 1-5-72

图 1-5-71　吃缝袖山：距袖山边 0.7cm 处，用棉线拱缝袖窿，注意不要断线，然后抽紧棉线将袖山"吃缝"圆顺。

图 1-5-72　熨烫袖山：把袖山放到铁凳上，熨烫拱好的袖山吃量，再把里子的袖山缝边向里折净 0.5cm 后熨烫一周。

图 1-5-73

图 1-5-74

图 1-5-73　绱袖子：将袖山与袖窿的对位点对好，用棉线沿净粉线绷缝一周，注意绷缝线迹要圆顺。

图 1-5-74　检查绷缝好的袖子：检查绷缝好的袖子是否合适，前袖缝基本平行前止口，袖山的部位圆顺饱满即可。然后，将袖山朝上沿绷缝线缉缝袖窿一周。

图 1-5-75

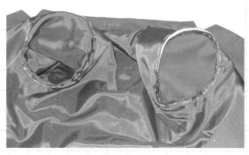

图 1-5-76

图 1-5-75 绱垫肩：将垫肩与袖窿缝边对齐，垫肩的 1/2 向前 1cm 点与小肩对齐，用棉线把垫肩与袖窿绷缝牢固。然后将里子布与袖窿绷缝一周，注意在垫肩部位里子要稍紧些，以符合穿着状态。

图 1-5-76 绷缝袖山里子：绷缝好袖窿后，检查里子、面的各条缝边是否对好。然后将扣好的里子袖山压在袖窿绷缝线上，用棉线绷缝，注意袖里子与面的袖缝要对好。

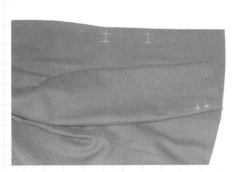

图 1-5-77

图 1-5-77 做手针：在右片上按线钉用隐形画粉画好扣眼位置，并且在袖衩上画好袖口位。然后锁眼、钉扣。

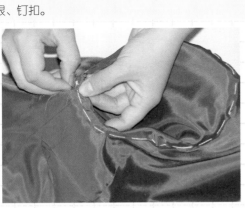

图 1-5-78

图 1-5-78 手针缝合袖山里子与袖口里子：用缝纫线、撬针针法将里子与大身固定，要求针距疏密适中。再以同样方法扦缝袖口里子。

图 1-5-79

图 1-5-79 成品检验：检查各部位尺寸无误后，拆掉绷缝的棉线，剪掉缝纫线头，将各部位整烫。

第二章
省缝裁剪与制作

内容特色

　　本部分介绍了服装中常见的省、缝的结构设计与工艺制作，其中包括倒缝、来去缝、褶裥的结构设计与制作方法。

要点与难点

　　通过本部分内容，可以掌握各种省、缝的结构设计与工艺制作。重点掌握倒缝、来去缝的结构设计与工艺制作，其中褶裥的结构设计与工艺制作为本部分的难点。

实例2-1

倒缝

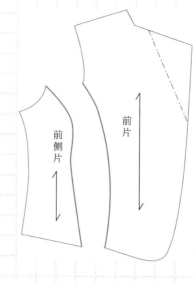

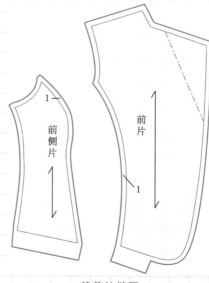

裁剪放缝图

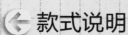

款式说明

　　倒缝工艺是服装制作中常见的方法，适用于棉、麻及化纤织物。常用于休闲、运动等服装的缝线接合处。制作方法是将两片面料缝合后，用包缝机将两层一起包缝，然后缉明线或进行其他处理。其特点是利用倒缝工艺方法制作的服装牢固、耐洗涤并有一定的装饰作用。

缝制图解 ↘

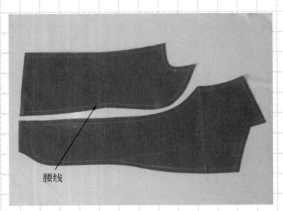

腰线

图2-1-1

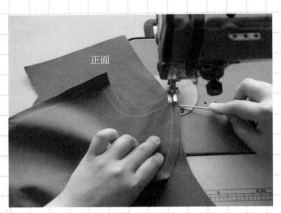

正面

图2-1-2

图2-1-1　准备工作：倒缝是制作服装过程中常见的工艺之一，本部分以上衣的刀背缝为例。首先将要缝制衣片的净粉线画好，标出腰口线的位置并打出剪口。

图2-1-2　缉缝刀背：先将衣片的正面相对，前中片在下，侧片在上，由袖窿开始缉缝。缉缝时沿所留缝边进行缝合，开始时要有回针，注意保持上下片松紧一致。

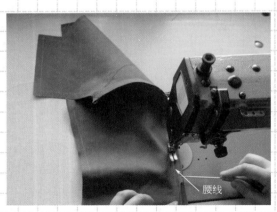

腰线

图2-1-3

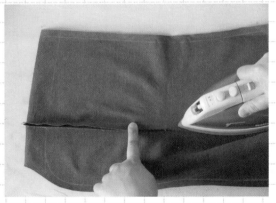

图2-1-4

图2-1-3　对准腰线：检查所缉缝的衣片腰线是否对齐，如有误差需拆掉重新缉缝。缝合结尾处注意回针，不能出现上下片长短不一致。

图2-1-4　倒烫侧缝：首先将缉缝好的衣片打开并反面朝上平放在案子上，由于人体的起伏轮廓线条，需将胖势推到前中的部位，然后将刀背缝倒向前中线并用熨斗进行熨烫，要求熨烫平服。

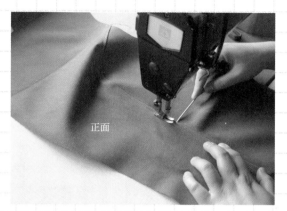

图 2-1-5

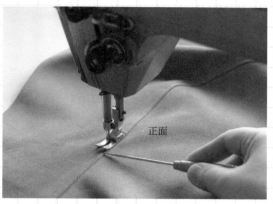

图 2-1-6

图 2-1-5　缉缝明线：衣片正面朝上，根据设计要求沿前中片的缝边进行缉缝，要求宽窄一致、不能出现断线。注意上衣有单、夹之分，单上衣缉缝明线前需先进行包缝，夹上衣因有里布则不用包缝。

图 2-1-6　缉缝明线：所缉缝的明线一般可以将压脚作为定规进行缝制，既方便又快捷。

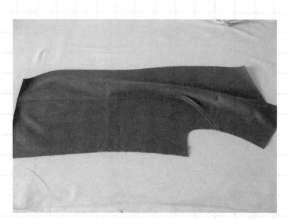

图 2-1-7

图 2-1-7　工艺检验：缉缝好明线的衣片缝子应该是无褶皱、平服、线条顺畅、无断线。

实例2-2

来去缝

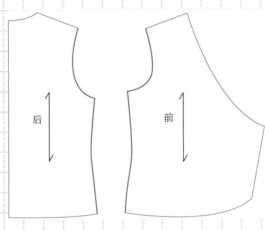

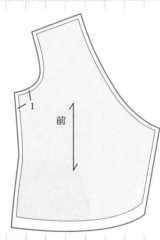

裁剪放缝图

款式说明

　　来去缝工艺方法适用于透明的面料和容易脱丝、不易包边面料，一般在制作薄纱和丝绸面料的服装时运用此方法。这种工艺具有缝份光净、美观、牢固等特点。

缝制图解 ↘

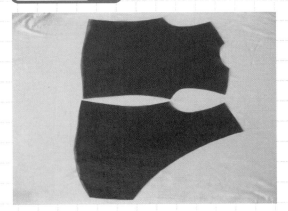

图2-2-1

图2-2-2

图2-2-1 准备工作：来去缝是制作薄料尤其是纱质面料服装过程中常见的工艺之一。本部分以上衣的侧缝为例。首先将要缝制衣片的净粉线画好，标出腰口线的位置并打出剪口。

图2-2-2 缉缝侧缝：先将衣片的反面相对，由袖窿处开始缉缝。缉缝时沿0.4cm的缝边进行缝合，要求对齐前后片的腰口线，开始和结尾均要有回针，注意保持上下片松紧一致。

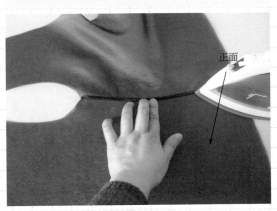

图2-2-3

图2-2-4

图2-2-3 倒烫侧缝：首先将缉缝好的衣片打开并正面朝上平放在案子上，由于人体的起伏轮廓线条，需将胖势推到前中与后中的部位，然后将侧缝边倒向前中线并用熨斗进行熨烫，要求熨烫平服。

图2-2-4 缉缝侧缝：前后衣片正面相对，将所缉缝的0.4cm缝边包裹在内，由袖窿处开始缉缝0.6cm的缝边，开始和结尾均要有回针，注意保持平服。

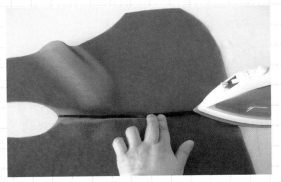

图2-2-5

图2-2-5 倒烫侧缝：首先将缉缝好的衣片打开并反面朝上平放在案子上，然后将包裹缉缝的侧缝倒向前片并进行熨烫，衣片缝子应该是无褶皱、平服、线条顺畅。

实例2-3

褶裥

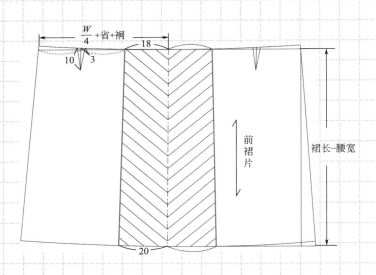

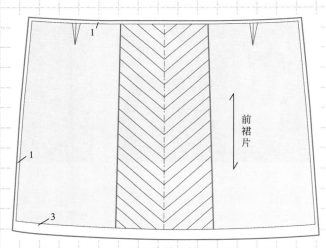

裁剪放缝图

款式说明

褶是介于省道和褶之间的一种有规律的形式，褶的构成起到省的作用，又能产生有规律的外观效果。一般应用于裤子、裙子、上衣等服装品种之中。

缝制图解 ↘

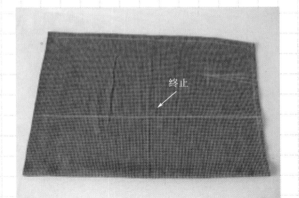

图 2-3-1

图 2-3-1 准备工作：褶裥是服装不可缺少的元素，本部分以短裙中的西服裙为例，首先将裙片的净粉线画好。

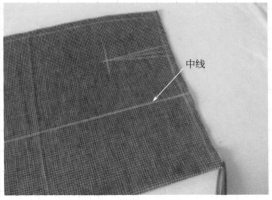

图 2-3-2

图 2-3-2 打剪口：裙片反面朝上，在褶裥中线上、腰口处打 0.3cm 等腰宽的剪口。

图 2-3-3

图 2-3-3 褶裥缝止点：裙片反面朝上，根据设计要求在裙中线上画出缝制终止点。

图 2-3-4

图 2-3-4 缉缝褶裥：裙片正面相对，沿褶裥中线进行缉缝，注意开始和结尾部位要求回针。缝制部位要求平服、无褶皱、丝道正确。

图 2-3-5

图 2-3-5 熨烫褶裥：首先用熨斗将褶裥中线轻压印记，注意不要压过缝制终止点的高度。

图 2-3-6

图 2-3-6 熨烫腰省：裙片反面朝上，将已缉好的省道缝倒向前中线并用熨斗进行熨烫，要求熨烫平服。

图 2-3-7

图2-3-7　熨烫褶裥：裙片正面朝上，将褶裥量倒向左面。劈烫裙中线并烫至裙摆处，注意丝道的顺直。

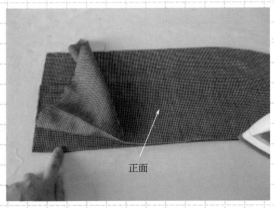

图 2-3-8

图2-3-8　熨烫褶裥：裙片正面朝上，将裙左右片重合并熨烫另一条裙中线，同样要求丝道顺直。

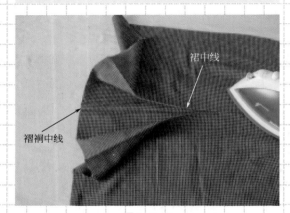

图 2-3-9

图2-3-9　分烫开衩：裙片正面朝上并打开左右片，将褶裥中线对准裙中线。

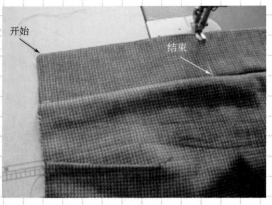

图 2-3-10

图2-3-10　固定褶裥：将裙子的左右片正面相对，露出褶裥量。由腰口处开始缉缝0.1cm宽的明线，缉缝至褶裥终止点的高度时转至褶裥终止点回针。

图 2-3-11

图2-3-11　固定褶裥：裙片反面朝上，将褶裥量与裙身固定，宽度为0.8cm，注意褶裥部位要求平服。

图 2-3-12

图2-3-12　工艺检验：制作好的褶裥上部分要求平服、无褶皱，下部分打开后是左右对称的倒褶。

第三章
口袋裁剪与制作

内容特色

　　本部分介绍了服装中常见的口袋的结构设计与工艺制作，其中包括各种贴袋、板袋、单牙袋、斜插袋的结构设计与制作方法。

要点与难点

　　通过本部分内容，可以掌握各种口袋的结构设计与工艺制作。重点掌握贴袋、板袋、单牙袋的结构设计与工艺制作，其中斜插袋的结构设计与工艺制作为本部分的难点。

实例3-1

贴袋（夹）

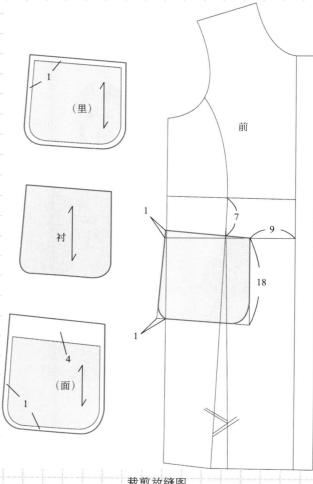

裁剪放缝图

款式说明

　　贴袋（夹）一般适用于较为高档的男大衣、女大衣等服装品种。贴袋带有里子，其绱袋缝制方法有许多种，可以根据款式的需要进行选择。

缝制图解 ↘

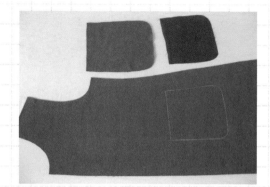

图3-1-1

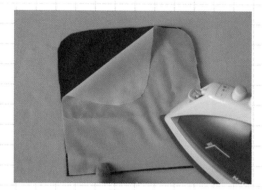

图3-1-2

图3-1-1　准备工作：贴袋是服装中常见的工艺形式，制作中有单、夹之分，本部分以大衣贴袋为例。首先按净样板要求裁剪前衣片和口袋面料及里料布，然后在前衣片的正面画出贴袋的位置。

图3-1-2　粘烫衬布：首先按口袋布的大小裁剪出衬布，然后将衬布粘烫在口袋布的反面上，注意衬布的粘烫采用压烫手法。

图3-1-3

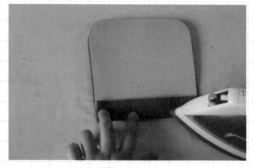

图3-1-4

图3-1-3　扣烫口袋：粘烫衬布的口袋布反面朝上，根据净样板将口袋的缝边进行扣烫，注意圆角处的褶缝要扣烫均匀。

图3-1-4　扣烫口袋贴边：口袋的缝边扣烫好后用净样板熨烫口袋上口的贴边，要求宽窄一致。

图3-1-5

图3-1-6

图3-1-5　勾缝口袋里布：打开口袋上口贴边并与口袋里布正面相对，并且沿缝边缉缝1cm，注意开始和结束的位置均要求回针。

图3-1-6　熨烫口袋上口边：将缝边倒向袋里布进行熨烫，要求熨烫平服。

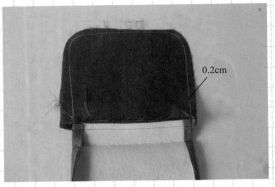

图 3-1-7

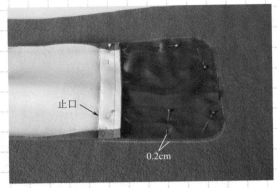

图 3-1-8

图3-1-7　修剪口袋里布：将勾缝好的口袋反面朝上，首先在口袋里布上根据净样板画出净粉线，然后在净粉线的基础上向里0.2cm　修剪掉缝边，注意要修剪均匀。

图3-1-8　绷缝口袋里布：首先将前衣片正面朝上，打开口袋的面与里，然后将口袋布的上口对准衣片上的口袋位置，最后用珠针或手针、白棉线固定口袋里布。注意绷缝好的口袋里布要比衣片上的净粉线小0.2cm。

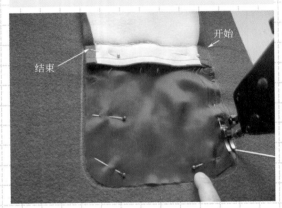

图 3-1-9

图 3-1-10

图3-1-9　缉缝口袋：检查绷缝的口袋无误后，沿口袋里布边进行缉缝，由于口袋的两端容易开线，所以开始的位置要多回几次针。

图3-1-10　缉缝口袋：缉缝至口袋的另一端时，为使其牢固同样要注意多回几次针。

图 3-1-11

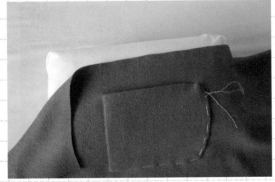

图 3-1-12

图3-1-11　绷缝口袋布：里布缉好后将前衣片正面朝上放在案子上，先把口袋布向下折合，然后用白棉线将口袋布与衣身进行绷缝。绷缝至一半后停止。

图3-1-12　绷缝口袋布：将布馒头垫在未绷缝的口袋位置下，使其与绷缝好的一半呈现弧线状，然后接着绷缝口袋。这样绷缝的口袋符合人体穿着要求。

图3-1-13

图3-1-13 扦缝口袋：检查绷缝的口袋无误后，用缝纫线沿口袋边进行暗扦针，注意针脚要均匀、紧密、牢固。

图3-1-14

图3-1-14 熨烫口袋边：前衣片正面朝上放在布馒头上，垫上水布首先熨烫口袋的一半，然后熨烫其另一边，要求平整、伏贴。

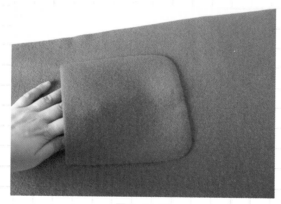

图3-1-15

图3-1-15 检验口袋外观：做好的夹口袋平放在案子上，口袋的上口应呈现一定的松度。

实例 3-2

贴袋（褶袋）

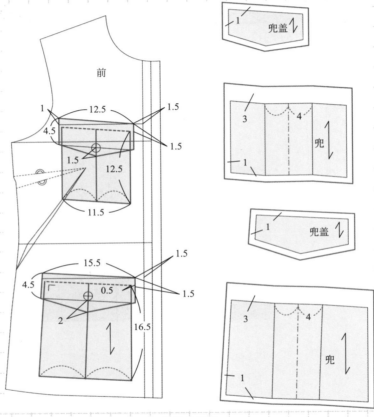

裁剪放缝图

← 款式说明

褶袋是贴袋的另一种表现形式，它在休闲装当中应用极其广泛。褶袋是在口袋的中心部位做褶裥，使之产生出层次感和立体感，同时还有较强的实用性。

缝制图解 ⤵

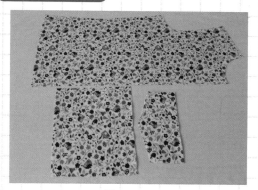

图3-2-1

图3-2-1 准备工作：贴袋是服装中常见的工艺形式，制作中有单、夹之分，造型各异，本部分以衬衫褶袋为例。首先按净样板要求裁剪前衣片、口袋及袋盖布。

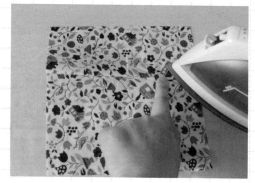

图3-2-2

图3-2-2 做口袋：袋布正面朝上，将口袋的对褶量按要求折烫，要求左右褶量相等。

图3-2-3

图3-2-3 缉缝明线：袋布正面朝上，打开褶量缉缝0.1cm明线，对褶的两条边方法相同。

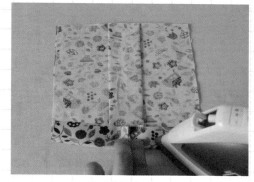

图3-2-4

图3-2-4 扣烫口袋贴边：将做好对褶的口袋反面朝上，先将口袋上口贴边折至背面，然后再折净贴边2.5cm，要求宽窄一致。

图3-2-5

图3-2-5 缉缝口袋贴边：袋布反面朝上，沿折缝边缉缝0.1cm，注意开始和结束的位置均要求回针。

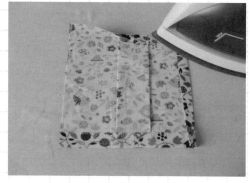

图3-2-6

图3-2-6 扣烫口袋边：按净样将缝边倒向袋布反面进行熨烫，要求熨烫平服。

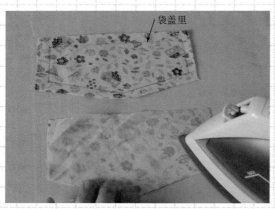

图3-2-7

图3-2-7　做袋盖：先用小样板在袋盖里的反面画出净粉线，然后在袋盖面的反面粘烫衬布。

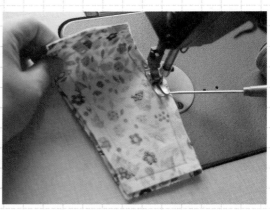

图3-2-8

图3-2-8　勾缝袋盖：袋盖里、面正面相对，袋盖里在上，由上口毛边开始勾缝。注意袋盖面要因面料的薄厚进行"吃缝"。

图3-2-9

图3-2-9　修剪缝边：检查袋盖的"吃缝"是否合适，然后修剪缝份为0.5cm。

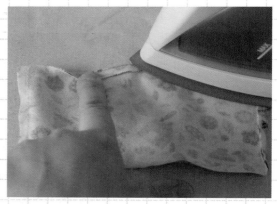

图3-2-10

图3-2-10　倒烫缝边：袋盖面反面朝上，将缝边倒向袋盖面，过缉缝线0.1cm熨烫盖面外口。

图3-2-11

图3-2-11　熨烫袋盖：翻正袋盖，袋盖里朝上，用锥子将方角处挑尖后进行熨烫，要求两角对称。

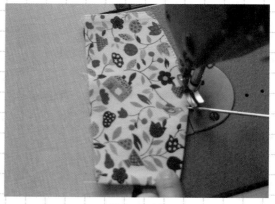

图3-2-12

图3-2-12　缉缝明线：袋盖面朝上，按要求缉缝0.1cm宽的明线，注意明线宽窄一致。

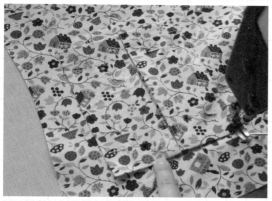

图3-3-13

图3-3-13 绱口袋：前片的正面朝上，将口袋布对准袋位点，缉缝口袋的三边，宽度为0.1cm，要求口袋平服、无褶皱。

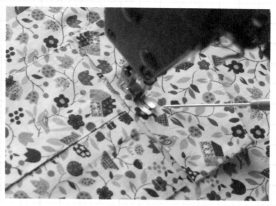

图3-2-14

图3-2-14 绱袋盖：先将袋盖的上口缝边修剪为0.5cm，袋盖里朝上进行包缝，然后袋盖里朝上对准袋盖位置后进行缉缝，注意开始和结束均要求回针。

图3-3-15

图3-3-15 缉缝袋盖明线：将袋盖放平后缉缝0.1cm明线，注意开始和结束均要求回针。

实例 3-3

板袋

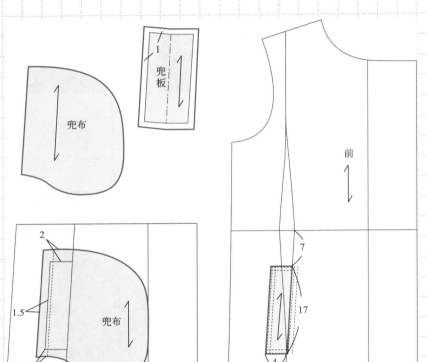

兜板

兜布

前

兜布

裁剪放缝图

款式说明

　　板袋一般应用于男大衣、女大衣、风衣、女上衣等服装品种。板袋具有装饰性与实用性相结合等特点，其大小、宽窄及位置可以根据款式的需要自行设计。

缝制图解 ↘

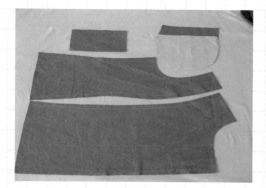

图3-3-1

图3-3-1　准备工作：板袋是服装中常见的工艺形式，本部分以女上衣为例。首先按净样板要求裁剪衣片、袋板及口袋布，在前衣片上画出手巾袋的位置。

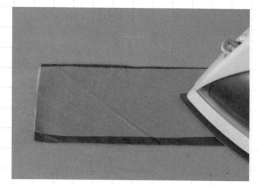

图3-3-2

图3-3-2　袋板粘衬：袋板反面朝上，将有纺衬粘烫在袋板上，注意要求压烫牢固。

图3-3-3

图3-3-3　扣烫袋板：首先按口袋大小扣烫袋板的两侧毛边，注意丝道的要求。

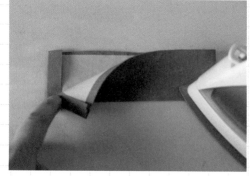

图3-3-4

图3-3-4　扣烫袋板上口：将袋板贴边折向袋板并熨烫平服，注意要求丝道直顺。

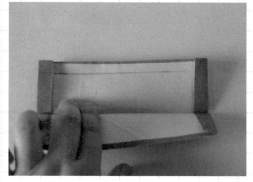

图3-3-5

图3-3-5　画缉缝线：在粘烫好衬布的袋板上，用净样板画出袋板的宽窄线。

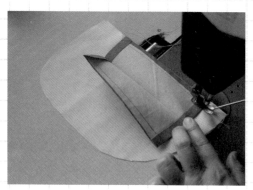

图3-3-6

图3-3-6　勾袋布：将袋板的贴边与上袋布正面相对进行缝合，开始和结束均要求回针。

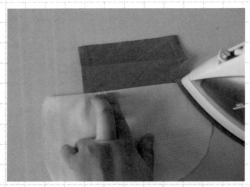

图 3-3-7

图3-3-7　熨烫袋布：袋板及兜布正面朝上，将缝边倒向兜布并进行熨烫。

图 3-3-8

图3-3-8　缉刀背缝：对好腰线将前侧片与前中片正面相对进行缝合，注意前中片的胸线部位要略吃，口袋两端要"回针"固定，缉缝刀背缝的开始和结束均要求回针。

图 3-3-9

图3-3-9　劈烫刀背缝：衣片反面朝上，将缉缝好的刀背缝分缝烫平，注意劈烫的刀背缝线要求顺畅、平服。

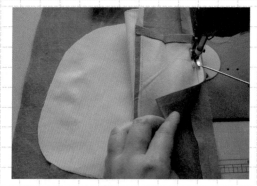

图 3-3-10

图3-3-10　缉缝袋板：将袋板面与前中片的缝边正面相对，对准口袋的位置并沿净粉线进行缉缝，注意开始和结束均要求回针。

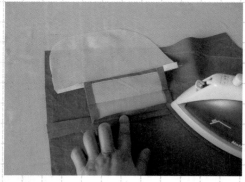

图 3-3-11

图3-3-11　劈烫袋板缝边：衣片反面朝上，将缉缝好的袋板与前片的缝边分缝烫平，注意劈烫平服。

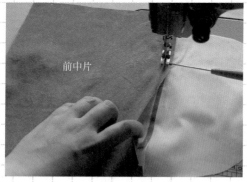

图 3-3-12

图3-3-12　固定袋板贴边：衣片的前中片与侧片正面相对，将袋布按袋板边折向前中片。前中片在上并将袋口边的缝份压在口袋布上，沿净粉线进行固定，注意开始和结束均要求回针。

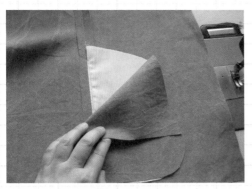

图3-3-13

图3-3-13　摆放垫袋布：衣片反面朝上，将垫袋布的正面与上袋布对准，注意与上袋布的缝份边要对齐。

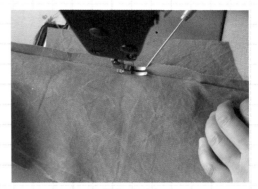

图3-3-14

图3-3-14　固定下袋布：衣片的前中片与侧片正面相对，下袋布在下边并沿净粉线将袋口进行固定，注意开始和结束均要求回针。

图3-3-15

图3-3-15　缉缝明线：衣片正面朝上并打开袋板，沿前侧片的净边缉缝0.1cm明线，注意开始和结束均要求回针。

图3-3-16

图3-3-16　封结：衣身正面朝上，将上下袋板与前侧片进行封结固定，沿净边缉缝0.1cm的明线，要求缉缝牢固。

图3-3-17

图3-3-17　勾缝袋布：先将衣身片折叠，再将两层袋布进行勾缝，开始和结束均要求回针，注意圆角的顺畅。

图3-3-18

图3-3-18　修剪袋布：将缉缝后的口袋边修剪为1cm宽。

图 3-3-19

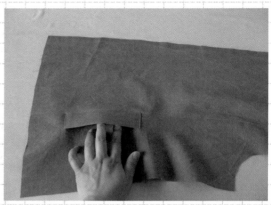

图 3-3-20

图3-3-19　缉缝明线：衣片正面朝上并打开袋板，沿前侧片的净边缉缝0.1cm明线，注意开始和结束均要求回针。

图3-3-20　工艺检验：制作完成的板袋要求袋口平服、封结明线对称牢固。

实例3-4

单牙袋

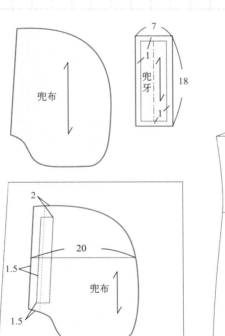

裁剪放缝图

 款式说明

　　单牙袋是服装制作中挖袋的另一种表现形式，一般应用于男西服、女西服、男裤、女上衣等服装品种。单牙袋又分为有袋盖和无袋盖两种，可以根据款式的需要进行选择。

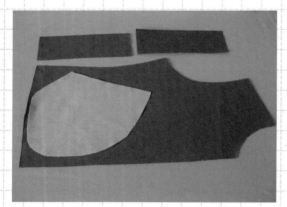

图3-4-1

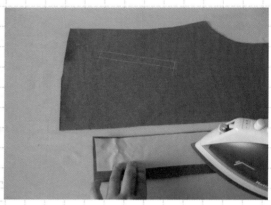

图3-4-2

图3-4-1　准备工作：单牙袋是服装中最常见的工艺形式，本部分以女上衣为例。首先按净样板要求裁剪衣片、单牙布、垫袋布及口袋布，并且画出净粉线。

图3-4-2　粘烫衬布、画兜位：兜牙布反面朝上，将有纺衬粘烫在兜牙布上，注意要求压烫牢固。前片正面朝上，用隐形画粉画兜位，宽度为1cm，并且按样板要求画出兜口的大小。

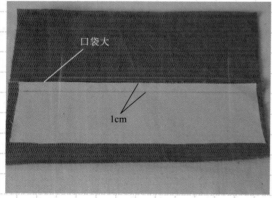

图3-4-3

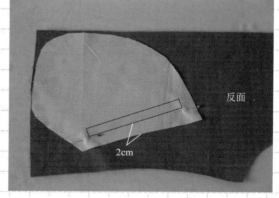

图3-4-4

图3-4-3　画绱缝线：兜牙布、垫袋布反面朝上，将一边相对并画出单牙子的宽度、口袋的大小。要求宽窄一致，口袋的尺寸准确。

图3-4-4　绷上兜布：衣片反面朝上，将兜布压过袋口2cm摆放好，可用白棉线或珠针将兜布与衣片绷缝。

图3-4-5

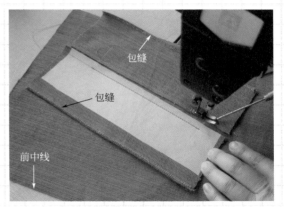

图3-4-6

图3-4-5 缉缝兜牙：先将兜牙布、垫袋布的外侧包缝，然后衣片正面朝上，将兜牙布与前兜口位重合后进行缉缝，注意缉缝时不要抻拉兜牙，缉缝的始末均要求回针。

图3-4-6 缉缝垫袋布：将垫袋布与后兜口位重合进行缉缝，注意缉缝时不要抻拉垫袋布，缉缝的始末均要求回针。

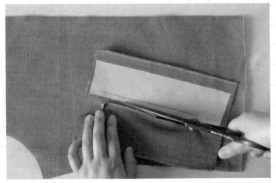

图3-4-7

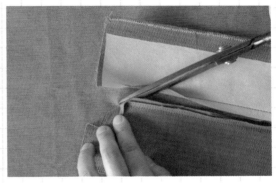

图3-4-8

图3-4-7 剪开袋口中线：衣片正面朝上，先沿兜位中线剪开兜口至距兜口两端1cm处。

图3-4-8 剪开袋口边：距兜口两端1cm处，分别向两端剪至缉缝兜牙的线根部，将兜口两端剪成三角状，注意不要剪断线根。

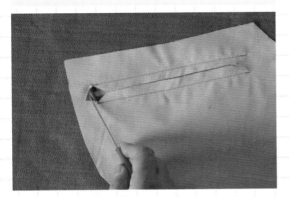

图3-4-9

图3-4-10

图3-4-9 检查袋口边：衣片翻至反面，剪好的袋口两端为三角状，注意不能剪得太小。

图3-4-10 熨烫兜牙缝边：把兜牙布翻到前身反面，将所缉缝的缝边倒向上兜布进行熨烫，要求将缝边烫平服。

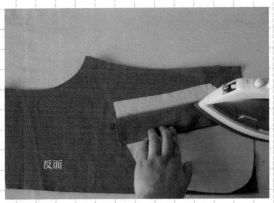

图3-4-11

图3-4-12

图3-4-11　扣烫兜牙宽：兜牙缝边倒烫平服后，按垫兜布的绢缝线扣烫兜牙宽，要求兜牙宽窄一致。

图3-4-12　熨烫垫兜布：将垫兜布翻到前身反面，绢缝的缝边倒向上兜布进行熨烫，要求将缝边烫平服。

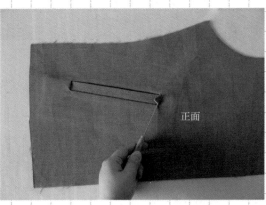

图3-4-13

图3-4-14

图3-4-13　折烫袋口：衣片正面朝上，将剪好的袋口两端三角折烫到衣身内部，注意用锥子将边角挑平整。

图3-4-14　固定兜牙布：衣片正面朝上，先将垫兜布折向侧缝与兜牙分开，然后由口袋下口开始绢缝0.1cm的明线，转至前面再转至口袋上口结束，注意宽窄要求一致。

图 3-4-15

图 3-4-15　缉缝上兜布：衣片正面朝上，将侧缝折向前中缝露出兜牙布，摆放平整后将兜牙布沿包缝边压缝在上兜布上。

图 3-4-16

图 3-4-16　固定垫兜布：先将下兜布与上兜布各部位对齐，衣身正面朝上，由口袋下口开始缉缝 0.1cm 的明线，转至侧缝再转至口袋上口结束。注意明线宽窄要求一致，袋口两端缝结要求牢固。

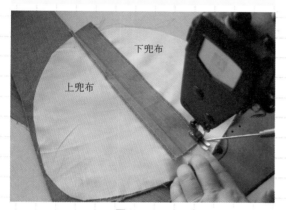

图 3-4-17

图 3-4-17　勾下兜布：衣片正面朝上，将前中折向侧缝露出垫兜布，摆放平整后将垫兜布沿包缝边压缝在下兜布上。

图 3-4-18

图 3-4-18　勾缝袋布：将两层袋布进行勾缝，开始和结束均要求回针，注意圆角的顺畅。

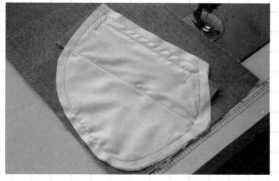

图 3-4-19

图 3-4-19　熨烫袋位：衣身反面朝上进行熨烫，要求将袋布熨烫平服。

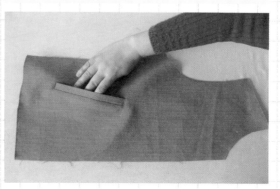

图 3-4-20

图 3-4-20　工艺检验：制作完成的单牙袋要求袋口平服、牙边宽窄一致、袋口对称牢固。

实例3-5

斜插袋

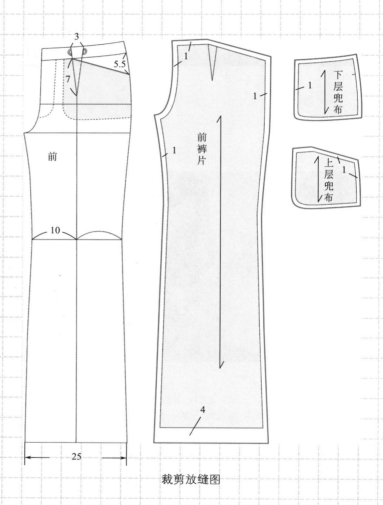

裁剪放缝图

 款式说明

　　此款是斜插袋的另一种表现形式，其制作方法一般常用于男裤、女裤及女裙等服装品种中，可以根据款式的需要选择与其相适应的制作方法。

缝制图解 ↘

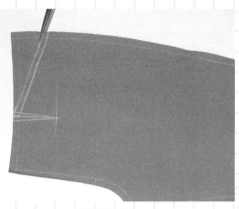

图3-5-1

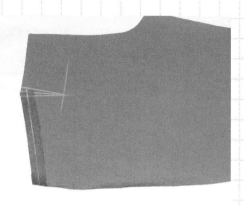

图3-5-2

图3-5-1　净兜口：在裤片的反面按照样板画出前
省道和兜口位置，然后沿兜口1cm缝边进行修剪，
最后可将省道打上线钉。

图3-5-2　粘烫牵条：裤片反面朝上，沿兜口粘烫
2cm的牵条布，注意不要抻拉。

图3-5-3

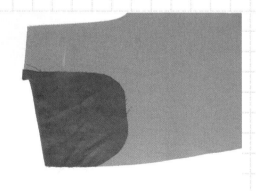

图3-5-4

图3-5-3　勾缝上兜布：先将上兜布与裤片正面相
对进行固定，兜布在上沿兜口缝份缉缝。然后将勾
缝好的兜口缝边修剪为0.5cm宽。最后垂直兜口边
打剪口，注意不要剪断缝纫线。

图3-5-4　烫兜口边：前裤片反面朝上，先将兜口
缝边倒向裤片并过缝迹线0.1cm扣烫兜口缝份，然
后将上兜布翻至裤片上面并进行熨烫，要求熨烫平
服。最后将裤片正面朝上，沿兜口边缘缉缝0.1cm
明线，注意宽窄要求一致。

图 3-5-5

图3-5-5　勾缝兜布：　将下兜布正面朝上，把做好的裤片放在下兜布的上方并对准袋口位置进行固定。然后裤片正面朝上，叠起裤片露出兜布，由侧缝处开始勾缝上下兜布，开始要求回针，注意圆角的顺畅，结束时要求回针。最后下兜布朝上包缝毛边。

图 3-5-6

图3-5-6　缉缝省道：前裤片正面朝上，叠起前裆片露出省道边，口袋布在下折合省道并进行缉缝。

图 3-5-7

图3-5-7　熨烫袋口：裤片正面朝上，熨烫袋口边，要求熨烫平服。

第四章
门襟裁剪与制作

内容特色

　　本部分介绍了服装中常见的门襟的结构设计与工艺制作，其中包括 T 恤门襟、上衣暗门襟、拉链明门襟、拉链暗门襟的结构设计与制作方法。

要点与难点

　　通过本部分内容，可以掌握各种门襟的结构设计与工艺制作。重点掌握 T 恤门襟、上衣暗门襟的结构设计与工艺制作，其中拉链明门襟、拉链暗门襟的结构设计与工艺制作为本部分的难点。

实例4-1

T恤门襟

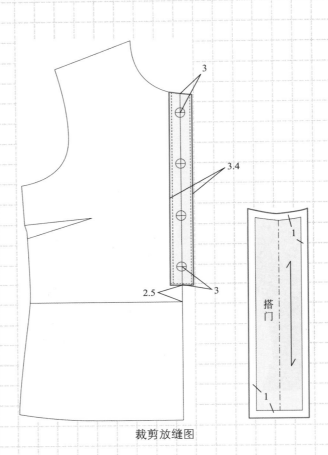

裁剪放缝图

款式说明

　　T恤门襟是门襟的另一种表现形式，一般应用于套头式的男衬衫、女衬衫款式中。其制作方法有很多种，可以根据款式的需要进行选择。

缝制图解 ↘

图4-1-1

图4-1-1 准备工作：T恤门襟是服装中常见的门襟表现形式，多用于衬衫、休闲装等服装品种的制作，本部分以女衬衫为例。首先按净样板的要求裁剪衣片、搭门贴边并画出净粉线。

图4-1-2

图4-1-2 粘烫衬布：搭门贴边反面朝上，将剪好的衬布粘烫在贴边上，注意粘烫牢固。按净样板画出净粉线。

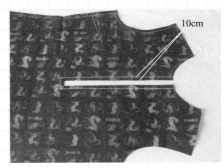

图4-1-3

图4-1-3 修剪前中线：打开前衣片并反面朝上，将门襟宽线对称地画在左片上，注意宽窄要求一致。按所画的净粉线修剪缝边为1cm。

图4-1-4

图4-1-4 缉缝右搭门贴边：前衣片正面朝上，将右搭门贴边反面朝上压在前片上，沿净粉线由领口处开始缉缝，缝至贴边下口1cm处回针。要求缉缝线顺直、开始和结束均需回针。

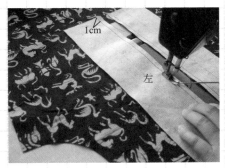

图4-1-5

图4-1-5 缉缝左搭门贴边：前衣片正面朝上，将左搭门贴边反面朝上压在前片上，沿净粉线由贴边下口1cm处开始缉缝，缝至贴边领口处回针。要求缉缝线顺直、开始和结束均需回针。

图4-1-6

图4-1-6 打剪口：将缉缝好贴边的前衣片正面朝上，在门襟的底端分别向左右两边缉缝线的根部打45°的剪口，要求不能剪断缉缝线。

图 4-1-7

图4-1-7　倒烫缝边：前衣片反面朝上，将贴边的缉缝边倒向贴边进行熨烫，左右片方法相同，要求压烫平服。

图 4-1-8

图4-1-8　扣烫左下口边：前衣片反面朝上，将左片的贴边朝上并扣烫贴边下口毛边。

图 4-1-9

图4-1-9　扣烫左止口边：前衣片反面朝上，将扣烫好下口毛边的左片贴边按净粉要求先折扣止口边，然后扣净贴边的外口毛边，要求压过缉缝线1cm宽。

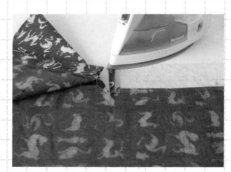

图 4-1-10

图4-1-10　扣烫右下口边：前衣片反面朝上并打开左右片，将右片的贴边朝上并扣烫贴边下口毛边。

图 4-1-11

图4-1-11　扣烫右止口边：前衣片反面朝上，将扣烫好下口毛边的右片贴边按净粉要求先折扣止口边，然后扣净贴边的外口毛边，要求压过缉缝线1cm宽。

图 4-1-12

图4-1-12　勾缝领嘴：前衣片正面朝上，按止口线将左右片的贴边反面朝上，沿净粉线勾缝领嘴，注意开始和结束均需回针。

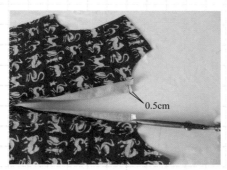

图4-1-13

图4-1-13　打剪口：将绲缝好领嘴的前衣片正面朝上，垂直向绲缝线的根部打剪口，要求不能剪断绲缝线。修剪领嘴的缝边为0.5cm宽。

图4-1-14

图4-1-14　扣烫领嘴：前衣片反面朝上，用锥子将领嘴的边角挑方正，然后用熨斗进行熨烫，要求正面不能出现"倒吐"的现象。

图4-1-15

图4-1-15　绲缝左襟里口明线：前衣片正面朝上，由左襟的底端沿门襟里口绲缝0.1cm明线，要求开始和结束均需回针。

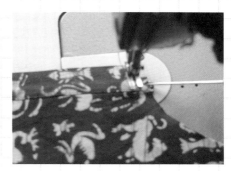

图4-1-16

图4-1-16　绲缝左襟外口明线：前衣片正面朝上，先由左襟的底端沿门襟外口绲缝0.1cm明线，接着转至领嘴根部结束，要求开始和结束均需回针。

图4-1-17

图4-1-17　封结：用与左襟相同方法绲缝右门襟里口、外口的明线。前衣片正面朝上并将右门襟朝上，在右门襟底端向上3cm宽的位置上，由右门襟的里口开始转至外口再转至里口进行固定绲缝，最后绲至开始处回针，要求将左右门襟固定牢固。

图4-1-18

图4-1-18　工艺检验：做好的门襟右片压左片为女装，相反则为男装，制作方法相同。

实例4-2

上衣暗门襟

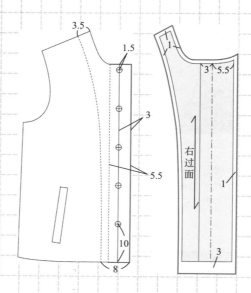

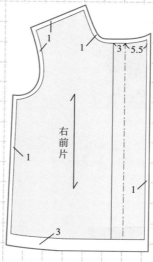

裁剪放缝图

← 款式说明

　　上衣暗门襟是门襟另一种表现形式，特指上衣门襟部位的扣子不外露，由于制作上衣时一般使用较厚的面料并带有衬布。因此与衬衫暗门襟在制作方法上有一定的区别，并且相对复杂一些。

缝制图解 ↘

图 4-2-1

图 4-2-1　准备工作：暗门襟是上衣品种中常见的工艺形式，本部分以女上衣为例。首先按净样板要求裁剪衣片、挂面并画出净粉线。

图 4-2-2

图 4-2-2　粘烫衬布：右前片反面朝上，将裁好的衬布粘烫在衣片上，注意粘烫牢固。

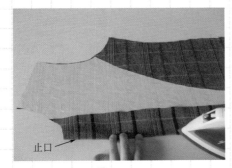

图 4-2-3

图 4-2-3　扣烫止口边：右前片反面朝上，按止口边将暗襟贴边折向衣身进行熨烫，要求熨烫平服、止口丝道正直。

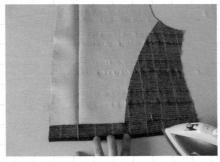

图 4-2-4

图 4-2-4　扣烫底边：右前片反面朝上，将底边贴边折向衣身按净粉线进行扣烫，要求扣烫的底边顺圆、线条流畅。

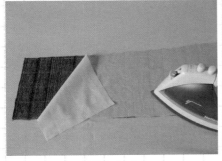

图 4-2-5

图 4-2-5　粘烫挂面衬布：挂面反面朝上，将裁好的衬布粘烫在挂面上，注意粘烫牢固。

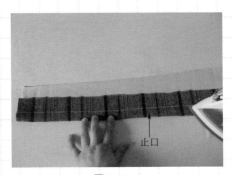

图 4-2-6

图 4-2-6　扣烫挂面止口边：挂面反面朝上，按止口边将暗襟贴边折向挂面进行熨烫，要求熨烫平服、止口丝道正直。

图 4-2-7

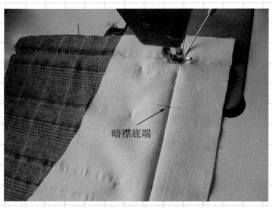

图 4-2-8

图4-2-7　绷缝挂面：右前片与挂面正面相对并将止口边对齐，挂面在上用棉线或珠针进行别缝，注意右前片的止口边与挂面的止口边要求重合。

图4-2-8　勾缝底边：右前片反面朝上，由衣身底边处开始进行勾缝，注意开始部位要求回针。

图 4-2-9

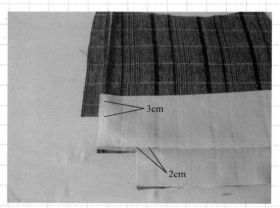

图 4-2-10

图4-2-9　勾缝下止口：勾缝底边至止口线，转至止口向上勾缝至暗襟底端，注意结束部位要求回针。

图4-2-10　修剪衣角：为衣角的平服，按标注的部位尺寸修剪衣角缝边为1cm。

图 4-2-11

图 4-2-12

图4-2-11　倒烫衣角边：右前片反面朝上，将衣角缝边倒向衣身，过缉缝线0.1cm宽进行熨烫。

图4-2-12　熨烫止口：将挂面翻正并用锥子挑正衣角，挂面朝上熨烫止口边。

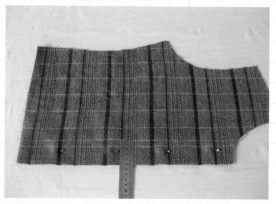

图4-2-13

图4-2-14

图4-2-13　画暗襟明线：右前片正面朝上，按样板要求画出绲缝明线的位置，要求画线准确。

图4-2-14　绲缝明线：右前片正面朝上，由领口开始沿画线绲缝暗襟明线，要求线迹顺直、无接线。

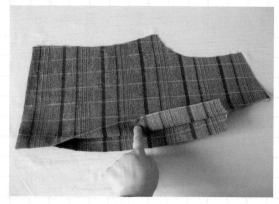

图4-2-15

图4-2-15　熨烫门襟：右前片反面朝上将门襟进行熨烫，要求熨烫平服。此方法适合男女上衣、休闲服的制作。

实例4-3

拉链门襟（明）

过面

1.5

前

1.5

前

0.7

裁剪放缝图

款式说明

　　拉链门襟与一般的门襟是有区别的，一般门襟是带有一定的搭门量，而拉链门襟是左右门襟相对装上拉链，装拉链的形式与制作方法有很多种，可以根据款式的需要进行选择。

缝制图解 ↘

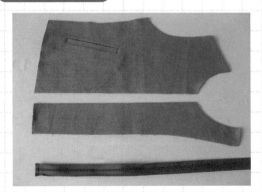

图4-3-1

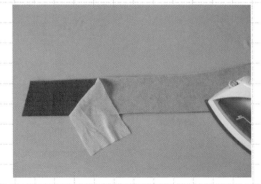

图4-3-2

图4-3-1 准备工作：拉链明门襟的制作是男女夹克中常见的工艺形式，制作方法适用于衬衫、夹克等休闲服装，本部分以女装为例。按净样板要求裁剪衣片及挂面。

图4-3-2 粘烫衬布：挂面反面朝上，将裁好的衬布粘烫在挂面上，注意粘烫牢固。

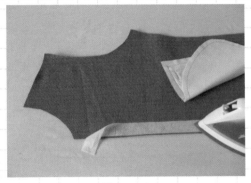

图4-3-3

图4-3-4

图4-3-3 粘烫止口牵条：前片反面朝上，将2cm宽的牵条布沿毛边粘烫，注意粘烫牢固。

图4-3-4 勾缝挂面：前片与挂面正面相对，挂面在上沿1cm缝份进行勾缝。

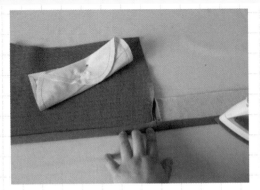

图4-3-5

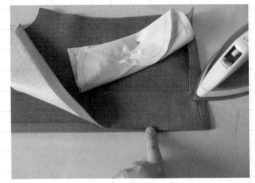

图4-3-6

图4-3-5 熨烫止口：前片与挂面反面朝上，先劈烫所勾缝的缝边，然后按净粉线将止口缝边倒向衣身进行扣烫，要求熨烫顺直、平服。

图4-3-6 折烫底边：前片反面朝上，按净粉线折烫衣身的底边。

图4-3-7

图4-3-7　绱拉锁：挂面反面朝上，拉锁放在挂面上并将拉锁牙对齐止口边，沿拉锁边进行固定，注意绱平服。

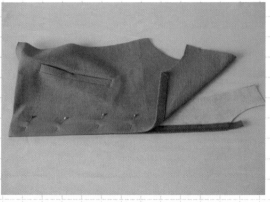

图4-3-8

图4-3-8　绷缝衣片：将衣片正面朝上压在拉锁上并对齐止口边，用棉线或珠针进行固定，要求上下片摆放平服。

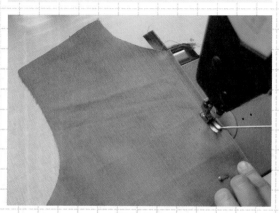

图4-3-9

图4-3-9　缉缝明线：前片正面朝上，由领口开始沿止口缉缝0.8cm宽明线，注意开始和结束均要求回针。

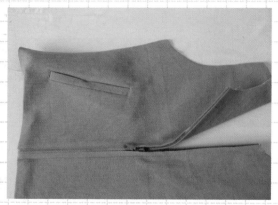

图4-3-10

图4-3-10　工艺检验：做好的拉链明门襟要求线迹顺直、无接线、左右的明线宽窄一致。

实例4-4

拉链门襟（暗）

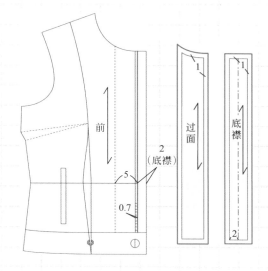

前

2（底襟）

5

0.7

过面

底襟

1

1

2

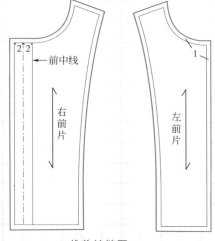

2 2

← 前中线

右前片

1

左前片

裁剪放缝图

款式说明

　　这是一款带有底襟的拉链门襟，是拉链门襟的另一种表现形式。其制作方法相对复杂一些，此种拉链门襟的制作方法常用于男夹克、女夹克服装款式中。

缝制图解 ↘

图4-4-1

图4-4-1　准备工作：拉链暗门襟的制作是男女夹克中常见的工艺形式，制作方法适用于衬衫、夹克等休闲服装，本部分以女装为例。按净样板要求裁剪衣片、挂面及底襟。

图4-4-2

图4-4-2　粘烫挂面衬布：挂面反面朝上，将裁好的衬布粘烫在挂面上，注意粘烫牢固。

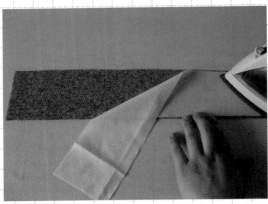

图4-4-3

图4-4-3　粘烫底襟衬布：底襟反面朝上，将裁好的衬布粘烫在底襟上，注意粘烫牢固。

图4-4-4

图4-4-4　扣烫底襟：底襟反面朝上，将底襟对折并进行熨烫。

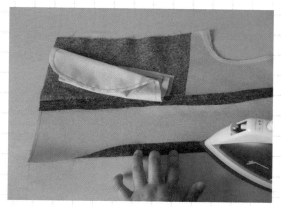

图4-4-5

图4-4-5 熨烫止口：将做好的前片反面朝上，按净粉线将止口缝边倒向衣身进行扣烫，要求熨烫顺直、平服。

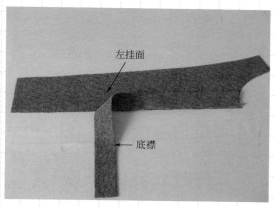

图4-4-6

图4-4-6 固定底襟：左片挂面的正面朝上，先将底襟压在挂面上面并对齐止口边。

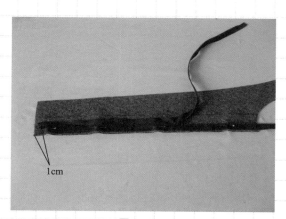

图4-4-7

图4-4-7 固定左片拉锁：然后将左边的拉锁压在上面，要求拉锁边对齐止口边，并且要求底边部位留出1cm缝份，最后用棉线或珠针进行固定。

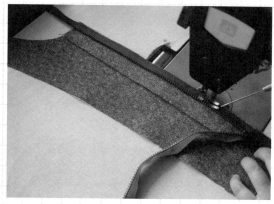

图4-4-8

图4-4-8 绱左片拉锁：由领口处开始缉缝固定好的左片拉锁，注意开始和结束均要求回针。

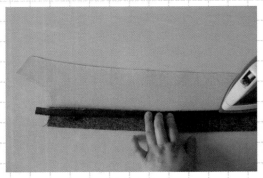

图4-4-9

图4-4-9　倒烫左片拉锁：打开左片挂面与底襟并反面朝上，将缝边倒向挂面并进行熨烫。

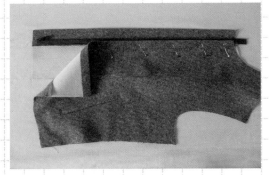

图4-4-10

图4-4-10　绷缝左衣片：将左衣片正面朝上压在拉锁上露出拉锁牙边，用棉线或珠针进行固定，要求上下片摆放平服。

图4-4-11

图4-4-11　缉缝左片明线：左前片正面朝上，由底边开始沿止口净边缉缝0.1cm宽明线，要求线迹顺直。

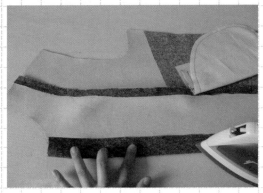

图4-4-12

图4-4-12　扣烫右片贴边：右衣片反面朝上，将贴边折向衣身并沿止口线进行熨烫，要求丝道顺直。

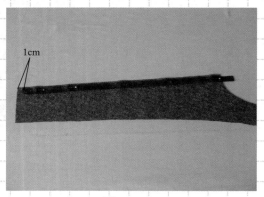

图4-4-13

图4-4-13　固定右片拉锁：将右边的拉锁压在右片挂面的正面上，要求拉锁边对齐止口边，并且要求底边部位留出1cm缝份，最后用棉线或珠针进行固定。

图4-4-14

图4-4-14　绱右片拉锁：由底边部位开始缉缝固定好的右片拉锁，注意开始和结束均要求回针。

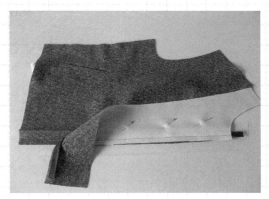

图 4-4-15

图 4-4-16

图 4-4-15　绷缝右衣片：右衣片正面朝上，将绷缝好拉锁的右片挂面压在衣身上，对齐缝边用棉线或珠针进行固定，要求上下片摆放平服。

图 4-4-16　勾缝右衣片：挂面反面朝上，由领口处开始沿拉锁的固定线进行勾缝，要求上下片不能出现褶皱，开始和结束均要求回针。

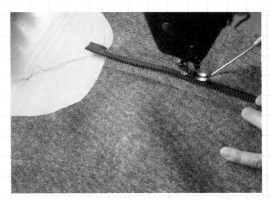

图 4-4-17

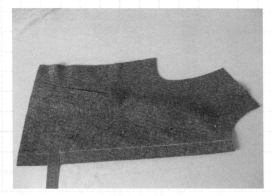

图 4-4-18

图 4-4-17　缉缝拉锁明线：打开衣片和挂面并正面朝上，沿挂面净边由上至下缉缝 0.1cm 的明线，注意开始和结束均要求回针。

图 4-4-18　画右止口明线位置：在止口边将挂面折向衣身的反面，按要求在衣身的正面画出明线的位置。

图 4-4-19

图 4-4-20

图 4-4-19　缉缝右片明线：右衣片正面朝上，由领口处开始沿所画的线迹进行缉缝，注意开始和结束均要求回针，缉缝好的右片止口顺直、平服。

图 4-4-20　工艺检验：做好的拉链暗门襟要求左右片长短一致、线迹顺直、无接线、右片的明线宽窄一致。

第五章
止口裁剪与制作

内容特色

　　本部分介绍了服装中常见的止口边的结构设计与工艺制作，其中包括滚边、镶边、夹牙边的结构设计与制作方法。

要点与难点

　　通过本部分内容，可以掌握各种止口边的结构设计与工艺制作。重点掌握滚边、镶边的结构设计与工艺制作，其中夹牙边的结构设计与工艺制作为本部分的难点。

实例 5-1

滚边

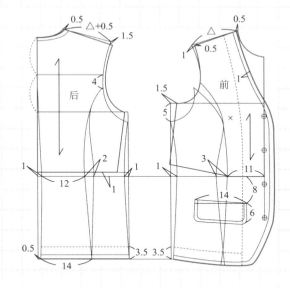

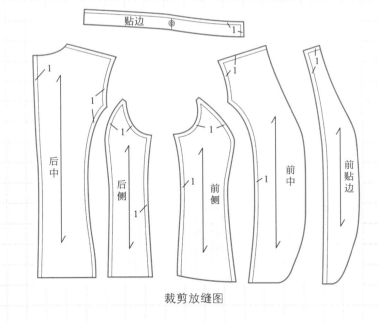

裁剪放缝图

🔙 款式说明

　　滚边是缝制工艺中的一项传统工艺，是用一条正斜丝布条将止口包裹起来，正斜丝布条的宽窄可以根据款式的需要进行裁剪。

缩制图解 ↘

图5-1-1

图5-1-1　准备工作：滚边工艺常用于止口边、口袋边、领边及袖边，制作的方法相同，本部分以止口边为例。首先将衣身与挂面反面相对用珠针或棉线固定。

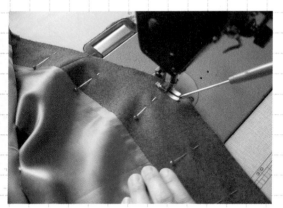

图5-1-2

图5-1-2　缉缝外口边：沿边进行缉缝，宽度为0.4cm，要求缉缝一周。

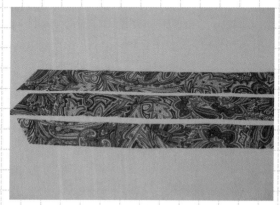

图5-1-3

图5-1-3　裁剪斜条：滚边的材料必须裁剪成正斜丝，也就是45°斜丝，宽度按滚边的要求。

图5-1-4

图5-1-4　拼接斜条：由于整件衣服的外口边较长，所以要将斜条正面相对进行拼接，注意开始和结束均要求回针。

图 5-1-5

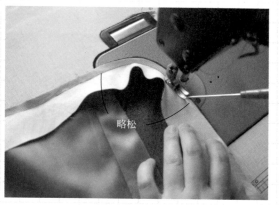

略松

图 5-1-6

图 5-1-5　劈烫斜条：斜条反面朝上，将缝边进行劈烫。

图 5-1-6　勾缱斜条：将斜条压在衣身的反面上，斜条反面朝上并由衣身底边开始进行勾缝，注意直线部位要求拉紧斜条布，到圆角部位应使斜条略松一些。勾缝线的宽窄按样板要求。

图 5-1-7

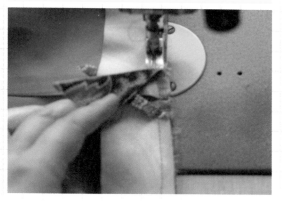

图 5-1-8

图 5-1-7　勾缱斜条：勾缱斜条的手法如图示要求，左手将衣身向前送，右手拉紧斜条进行勾缝。

图 5-1-8　勾缱斜条：结束的部位按图示要求进行缝制。

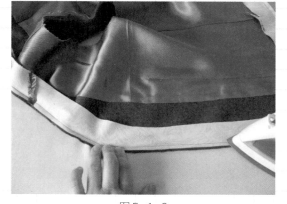

图 5-1-9

图 5-1-10

图 5-1-9　熨烫外口边：斜条朝上将外口边进行熨烫，要求熨烫平服。

图 5-1-10　翻烫斜条：衣身反面朝上，按外口勾缝线翻正斜条布并进行熨烫。

图5-1-11

图5-1-11　扣烫滚边：衣身正面朝上，将斜条布包裹外口并折净斜条毛边，要求折净的斜条边压住勾缝线迹。

图5-1-12

图5-1-12　缉缝滚边：衣身正面朝上，沿扣烫好的滚边缉缝0.1cm明线，要求线迹顺直、无断线。

图5-1-13

图5-1-13　熨烫滚边：衣身正面朝上，垫上水布并进行熨烫。

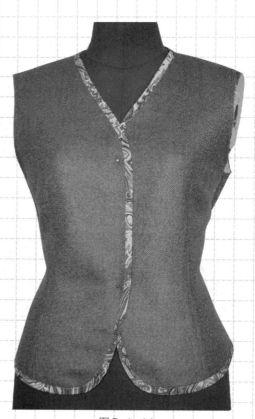

图5-1-14

图5-1-14　工艺检验：制作好的滚边宽窄要求一致，整个衣身的外口应伏贴、无皱缩。其他部位的滚边方法与此相同。

实例 5-2

镶边

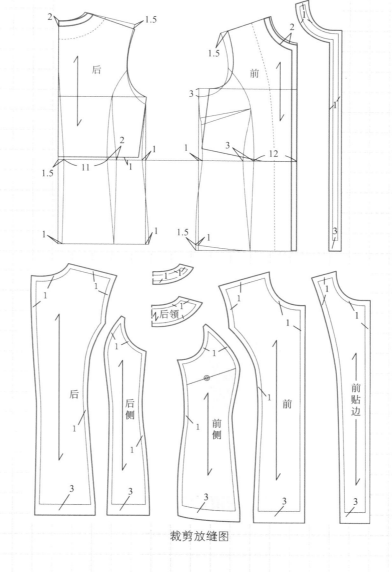

裁剪放缝图

款式说明

　　镶边是缝制工艺中的一项传统工艺，根据款式需要确定镶边的宽度和形状，选择衣身面料或与其相协调面料进行缝合。

缝制图解 ↘

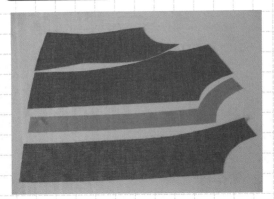

图 5-2-1

图5-2-1　准备工作：镶边工艺一般用于止口边、口袋边、领边及袖边，制作的方法相同，本部分以止口边为例。首先按要求裁剪衣片、挂面及镶边布。

图 5-2-2

图5-2-2　粘烫衬布：前衣身与镶边衣片反面朝上分别粘烫衬布，要求粘烫牢固。

图 5-2-3

图5-2-3　粘烫挂面：在挂面的反面粘烫衬布，要求粘烫牢固。

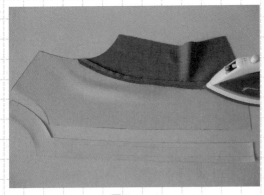

图 5-2-4

图5-2-4　画净粉线：在镶边衣片的反面用样板画出净粉线，缝合前身刀背线并进行劈烫。

图 5-2-5

图5-2-5　勾缝镶边：前衣片与镶边衣片正面相对，按镶边衣片的净粉线进行勾缝。

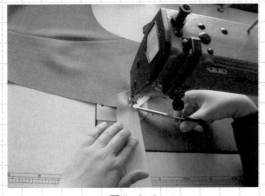

图 5-2-6

图5-2-6　打剪口：勾缝至领口底点，沿缝边向缝纫线的根部打剪口。

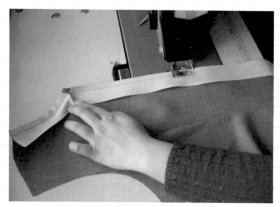

图 5-2-7

图5-2-7　勾缝镶边：接着向下沿缝份进行勾缝，注意开始和结束均要求回针。

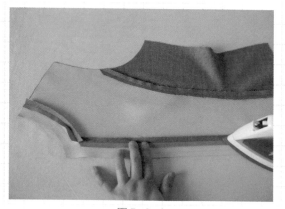

图 5-2-8

图5-2-8　劈烫缝边：衣片反面朝上，左手劈开缝边然后用熨斗分烫，要求熨烫平服。

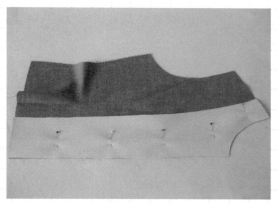

图 5-2-9

图5-2-9　固定挂面：挂面与衣片正面相对，挂面朝上用珠针或棉线进行绷缝。

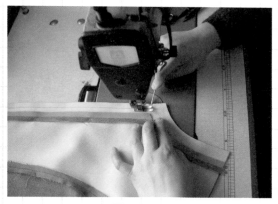

图 5-2-10

图5-2-10　绢缝止口：衣片反面朝上，沿镶边衣片的止口线由下至上进行勾缝，要求线迹顺直。

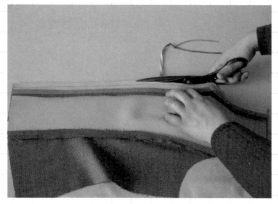

图 5-2-11

图5-2-11　修剪止口：将勾缝好的止口毛边修剪为0.5cm。

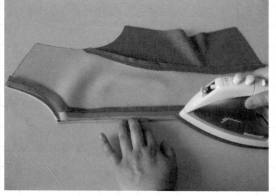

图 5-2-12

图5-2-12　扣烫止口：衣片反面朝上，将修剪后的止口边倒向衣身，过绢缝线0.1cm进行熨烫。

图5-2-13

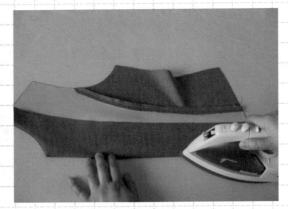

图5-2-14

图5-2-13　翻止口：用左手拇指压住领口尖的缝边，右手将挂面翻正。翻正挂面后用锥子将领口角挑正。

图5-2-14　熨烫止口：挂面正面朝上并用熨斗熨烫止口边，要求熨烫平服。

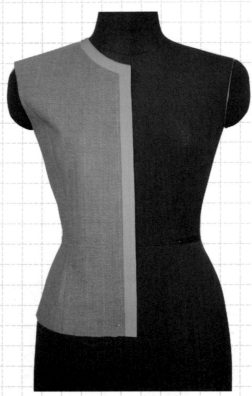

图5-2-15

图5-2-15　工艺检验：制作好的镶边宽窄要求一致，部位应伏贴、无皱缩。其他部位的镶边方法与此相同。

实例5-3

夹牙边

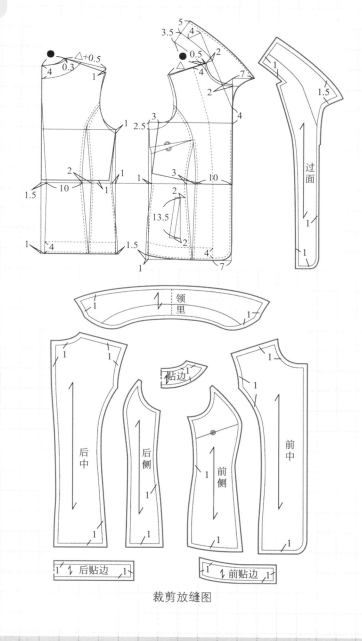

裁剪放缝图

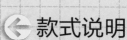

款式说明

　　夹牙边是缝制工艺中的一项传统工艺，是将用斜丝面料做成的牙子夹缝在止口部位或分割线之中，适用于各种女装。

缝制图解 ↘

图5-3-1

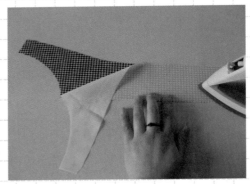

图5-3-2

图5-3-1　准备工作：夹牙子的工艺一般用于止口边、口袋边、领边及袖边，制作的方法相同，本部分以止口边为例。将前衣身反面朝上粘烫衬布，要求熨烫牢固。

图5-3-2　粘烫衬布：挂面反面朝上并粘烫衬布，要求熨烫牢固。

图5-3-3

图5-3-4

图5-3-3　拼接底边贴边：将底边贴边的反面粘烫好衬布，与挂面的正面相对，进行缝合拼接，注意开始和结束均要求回针。

图5-3-4　劈烫拼接缝：将拼接片反面朝上并用熨斗进行劈烫。

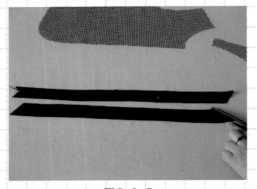

图5-3-5

图5-3-6

图5-3-5　修剪斜条边：裁剪45°的斜条，宽为3cm。按直丝修剪斜条的拼接边。

图5-3-6　拼接斜条：由于整件衣服的外口边较长，所以要将斜条正面相对进行拼接，注意开始和结束均要求回针。

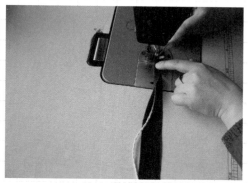

图 5-3-7

图5-3-7　夹缝线绳：将准备好的线绳夹在斜条的反面里，先将开始部位固定住。

图 5-3-8

图5-3-8　夹缝线绳：换上右单边压角，将压角边卡住线绳边进行绢缝，要求将绳边卡紧，在结束的部位将线绳固定。

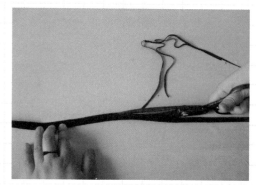

图 5-3-9

图5-3-9　修剪缝边：将夹缝线绳的缝边修剪为1cm，要求宽窄一致。

图 5-3-10

图5-3-10　缝绱牙边：首先将前后衣身合并，然后将领里与衣身领口进行缝合并劈缝。将做好的衣身正面朝上，由衣身的底摆侧缝处开始将夹缝的线绳缝边对准衣身外口进行固定，注意圆角的部位线绳应略松一些。

图 5-3-11

图5-3-11　绷缝挂面：首先将领面与挂面正面相对绱好，然后将挂面与衣身、领里与领面正面相对用棉线或珠针绷缝固定。

图 5-3-12

图5-3-12　勾缝外口边：挂面的反面朝上，将单边压脚挤紧绳缝进行勾缝，注意手法要一致以保证牙子边的宽窄。

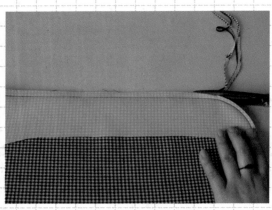

图 5-3-13

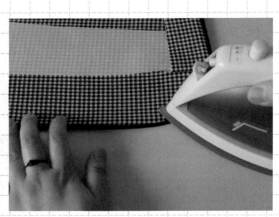

图 5-3-14

图 5-3-13　修剪缝边：将勾缝好的外口缝边修剪一周，缝份为 0.5cm。

图 5-3-14　翻正外口：先将挂面翻正并露出牙子边，检查牙子边的宽窄是否一致，然后将挂面正面朝上并进行熨烫。

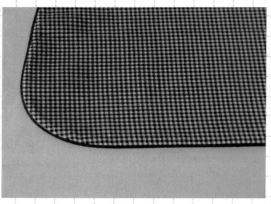

图 5-3-15

图 5-3-15　工艺检验：制作好的牙子边宽窄要求一致，整个衣身的外口应伏贴、无皱缩。其他部位的夹牙子的制作方法相同。

第六章
开衩裁剪与制作

内容特色

　　本部分介绍了服装中常见的开衩的结构设计与工艺制作，其中包括男衬衫的袖开衩、圆摆侧缝开衩、直摆侧缝开衩的结构设计与制作方法。

要点与难点

　　通过本部分内容，可以掌握各种开衩的结构设计与工艺制作，重点掌握圆摆侧缝开衩、直摆侧缝开衩的结构设计与工艺制作，其中男衬衫的袖开衩的结构设计与工艺制作为本部分的难点。

实例6-1

男衬衫袖开衩

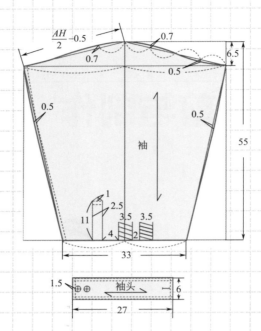

$\frac{AH}{2}$ -0.5

0.7

0.7

0.5

6.5

0.5

0.5

袖

55

1

2.5

11

3.5　3.5

4

2

33

1.5

袖头

6

27

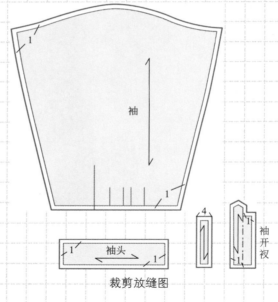

1

袖

1

4

袖开衩

1

袖头

1

裁剪放缝图

← 款式说明

　　男衬衫袖开衩最常见的有两种制作形式和方法，其一，是与女衬衫袖加条式开衩相同，其二，是与T恤门襟制作方法很相似的特定男衬衫袖开衩，可以根据款式的需要选择与其相适应的制作方法。

缝制图解 ↘

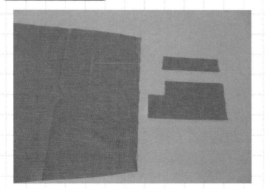

图6-1-1

图6-1-1　准备工作：男衬衫袖开衩的制作工艺有
多种形式，本部分以最常见的方法为例。首先按样
板要求裁剪袖片、开衩的贴边及垫条，然后画出净
粉线。

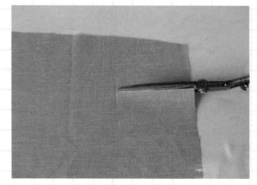

图6-1-2

图6-1-2　剪开衩位置：袖片反面朝上，用剪子剪
开净粉线所标注的开衩位置。

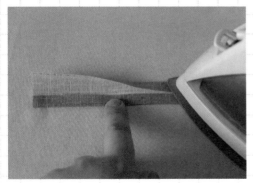

图6-1-3

图6-1-3　扣烫开衩垫条：垫条布反面朝上，先将
两侧毛边折向反面进行扣烫，要求宽窄一致。

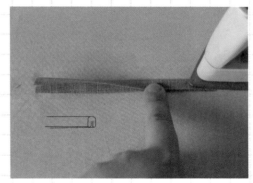

图6-1-4

图6-1-4　对折开衩垫条：两侧的毛边扣烫好
之后，再将垫条对折并进行熨烫，注意上层略窄
0.1cm。

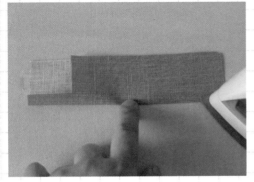

图6-1-5

图6-1-5　扣烫开衩中缝：将开衩贴边反面朝上，
折烫贴边中缝。

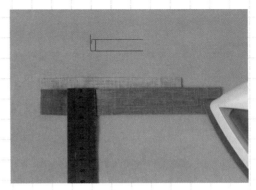

图6-1-6

图6-1-6　扣烫开衩里口边：开衩贴边面正面朝
上，按贴边宽度折烫开衩里口边。

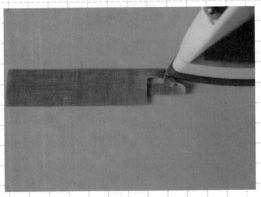

图6-1-7

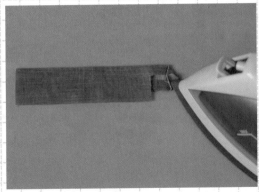

图6-1-8

图6-1-7　扣烫开衩上口边（1）：开衩贴边面反面
朝上，根据样板要求扣烫贴边上口一端的毛边。

图6-1-8　扣烫开衩上口边（2）：开衩贴边面反面
朝上，根据样板要求扣烫贴边上口另一端的毛边。

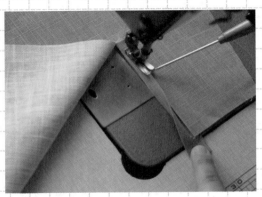

图6-1-9

图6-1-10

图6-1-9　缉缝开衩垫条：袖子正面朝上并打开开
衩，将袖开衩的小片毛边夹在垫条中间，注意毛边
要顶住底襟双折边。略窄的垫条边在上并沿边缉缝
0.1cm明线。

图6-1-10　查看开衩垫条：检查缉缝好的开衩垫
条是否同时将开衩垫条的里层缉缝牢固。

图6-1-11

图6-1-12

图6-1-11　缉缝袖开衩贴边：将开衩贴边正面与
袖子反面相对，贴边在上沿贴边里勾缝1cm缝份，
注意贴边的上端毛边要与开衩的顶端对齐。

图6-1-12　熨烫贴边缝边：袖子正面朝上，将勾
缝的开衩缝边倒向贴边进行熨烫。

图 6-1-13

图6-1-13　缉缝贴边里口明线：将贴边面压在缝边上，由袖口处开始沿贴边面缉缝0.1cm明线。

图 6-1-14

图6-1-14　缉缝贴边上口明线：由里口明线转至贴边上口继续缉缝0.1cm，要求摆平开衩贴边进行缉缝，转角处停针，但不能断线。

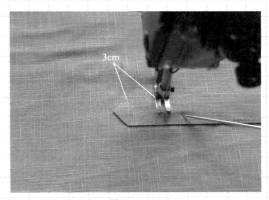

图 6-1-15

图6-1-15　缉缝贴边外口明线：由上口明线转至贴边的外口，缉缝至开衩根部向下3cm处，再转90°向里口边缉缝，缉至里口明线处先停针，要求不能断线。

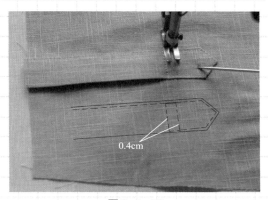

图 6-1-16

图6-1-16　封结：由外口明线缉至里口明线再向上缉缝0.4cm，然后封结第二道明线，要求线迹宽窄一致。

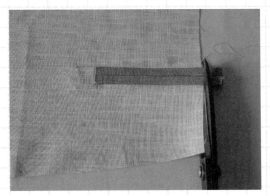

图 6-1-17

图6-1-17　修剪贴边：剪掉多余的缝边。

图 6-1-18

图6-1-18　工艺检验：检查做好的袖开衩是否无毛边，缝边无"倒吐"，明线是否宽窄一致。

实例6-2

圆摆侧缝开衩

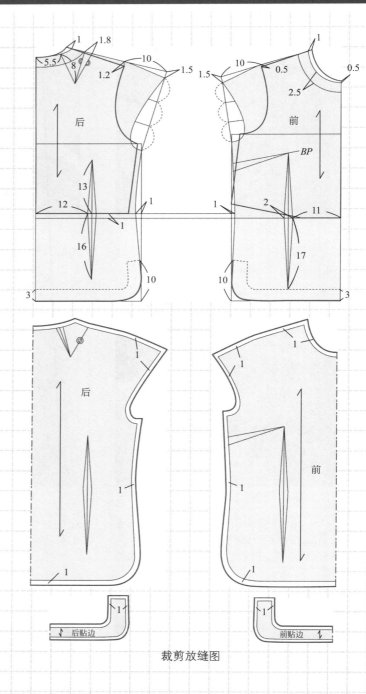

裁剪放缝图

款式说明

圆摆侧缝开衩是开衩的一种表现形式，制作时应注意开衩的圆顺与平服，此方法一般应用于男女衬衫、女上衣等服装品种。

缝制图解 ↘

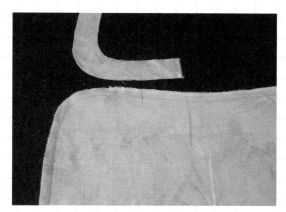

图6-2-1

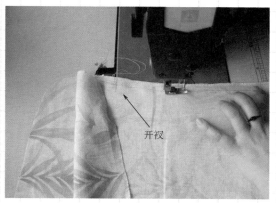

开衩

图6-2-2

图6-2-1 准备工作：圆摆侧缝开衩是服装制作工艺中的一种形式，本部分以女套头衫为例。首先按要求裁剪前后衣片及贴边，画出净粉线并正面朝上将缝边包缝。

图6-2-2 缝合侧缝：先将套头衫的领口、肩缝制作完成，然后前后衣片正面相对，由开衩终止点沿净粉线进行缝合侧缝，注意开始和结束均要求回针。

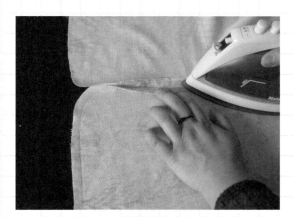

图6-2-3

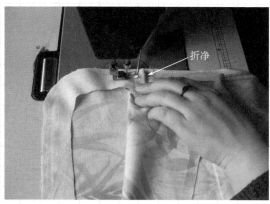

折净

图6-2-4

图6-2-3 劈烫侧缝：打开前后衣片并反面朝上，分开侧缝的缝边并熨烫，要求熨烫平服。

图6-2-4 勾绱贴边：打开开衩部位，先将贴边与衣片正面相对按要求摆在衣身上，然后沿缝份进行勾缝，勾缝至开衩的顶部处将贴边上口缝边折净后再进行回针。

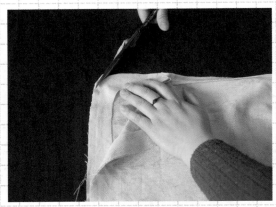

图 6-2-5

图6-2-5　修剪贴边缝边：将勾缝好的贴边缝边修剪为0.5cm宽。

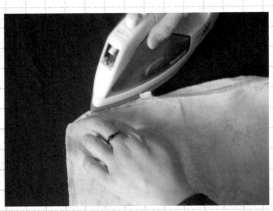

图 6-2-6

图6-2-6　倒烫贴边缝边：衣身反面朝上，将贴边缝边倒向衣身，过缝迹线0.1cm宽进行熨烫。

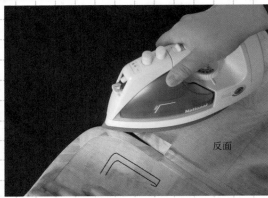

反面

图 6-2-7

图6-2-7　翻烫贴边：衣片反面朝上，将贴边翻至衣片的反面进行熨烫。

反面

图 6-2-8

图6-2-8　扣烫贴边：衣片反面朝上，按要求将贴边的毛边折净并进行熨烫。

图 6-2-9

图6-2-9　固定贴边：衣片反面朝上，由开衩的顶部处开始进行缉缝并回针，缝迹线宽窄为0.1cm。

图 6-2-10

图6-2-10　工艺检验：制作好的开衩应平服、圆角的线条流畅、明线的宽窄一致。

实例6-3

直摆侧缝开衩

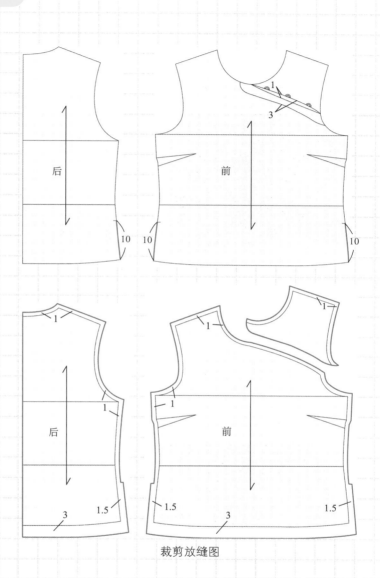

裁剪放缝图

款式说明

直摆侧缝开衩是开衩的另一种表现形式，制作时应注意开衩的对称与平服，此方法一般应用于女衬衫、女上衣等服装品种。

缝制图解 ↘

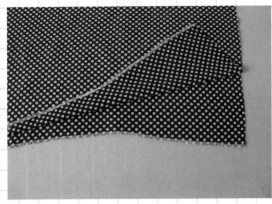

图6-3-1

图6-3-1　准备工作：直摆侧缝开衩是服装制作工艺中的一种形式，本部分以女套头衫为例。首先按要求裁剪前后衣片，画出净粉线并正面朝上将缝边包缝。

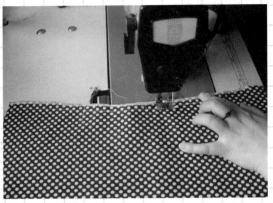

图6-3-2

图6-3-2　缝合侧缝：先将套头衫的领口、肩缝制作完成，然后前后衣片正面相对，由开衩终止点沿净粉线进行缝合侧缝，注意开始和结束均要求回针。

图6-3-3

图6-3-3　劈烫侧缝：打开前后衣片并反面朝上，分开侧缝的缝边并熨烫，要求熨烫平服。

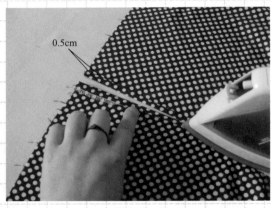

图6-3-4

图6-3-4　扣烫开衩缝边：衣片反面朝上，按要求将开衩缝边折烫为0.5cm宽。

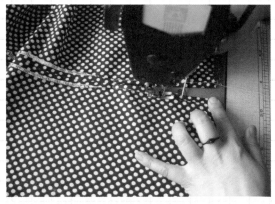

图 6-3-5

图 6-3-5 固定开衩：衣片反面朝上，由衣身底边开始沿开衩缝边缉缝 0.1cm 明线，注意开始和结束均要求回针。

图 6-3-6

图 6-3-6 扣烫衣身底边：衣片反面朝上，将底边贴边折向衣身并进行熨烫。

图 6-3-7

图 6-3-7 扣烫衣身贴边：衣片反面朝上，将折烫的衣身贴边的毛边折净。

图 6-3-8

图 6-3-8 缉缝底边：衣片反面朝上，沿贴边的折净边缉缝 0.1cm 明线，注意开衩部位的开始和结束均要求回针。

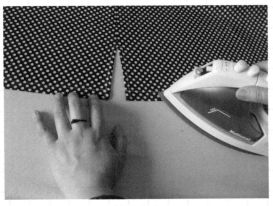

图 6-3-9

图 6-3-9 熨烫开衩：衣片正面朝上，将开衩、衣身底边进行熨烫。

图 6-3-10

图 6-3-10 工艺检验：制作好的开衩应平服、线条流畅、明线的宽窄一致。

第七章
领子裁剪与制作

内容特色

　　本部分介绍了服装中常见的领子的结构设计与工艺制作，其中包括中式立领、立翻领、立领、花边领、立连领的结构设计与制作方法。

要点与难点

　　通过本部分内容，可以掌握各种领子的结构设计与工艺制作。重点掌握中式立领、立翻领、立领、花边领的结构设计与工艺制作，其中立连领的结构设计与工艺制作为本部分的难点。

实例 7-1

中式立领

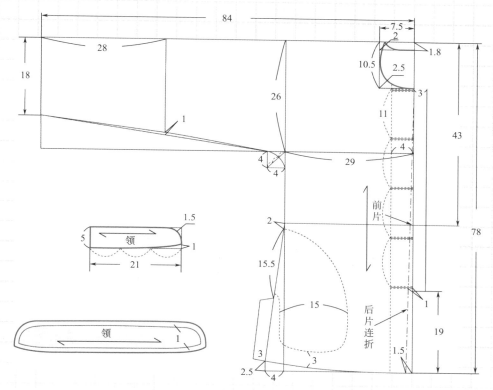

裁剪放缝图

款式说明

中式立领是领子中的传统领型，一般应用于男、女中式等服装品种，绱领子一般常用传统的手针工艺。

缝制图解 ↘

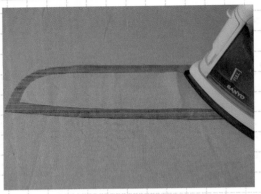

图7-1-1

图7-1-1　粘烫领衬：领里反面朝上，将裁剪好的净领衬粘在领里的反面上，要求粘烫牢固。

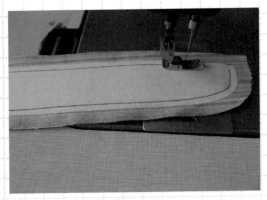

图7-1-2

图7-1-2　固定领衬：粘烫好的净领衬朝上并沿净领衬边缉线，宽度为0.4cm。

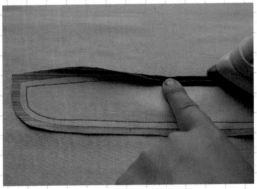

图7-1-3

图7-1-3　扣烫领里口：领里反面朝上，将领里的里口缝边倒向领衬并进行扣烫。

图7-1-4

图7-1-4　勾缝领子：将领里、领面正面相对，领里在上距净领衬边0.1cm宽勾缝领子外口，注意领面要略"吃缝"，开始和结束均要求回针。

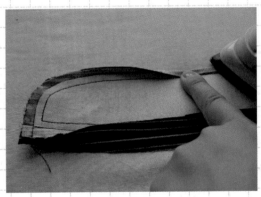

图7-1-5

图7-1-5　倒烫领子外口缝边：领里反面朝上，将缝边倒向领衬并进行熨烫，要求熨烫平服。

图7-1-6

图7-1-6　翻烫领子外口：翻正领子并领里朝上熨烫领子外口，注意外口不要"倒吐"边。

图 7-1-7

图 7-1-8

图 7-1-7　绱领面：领面与衣身正面相对，沿净粉线进行勾缝，在肩斜线处可稍微抻拉领口，要求领子的中点与衣身领口的中点相对。

图 7-1-8　倒烫绱领缝：将领口部位放在铁凳上，先修剪领口缝边为 0.7cm 宽，然后将缝边倒向领子并进行熨烫，要求熨烫平服。

图 7-1-9

图 7-1-10

图 7-1-9　绷缝领子：放平衣身并领里朝上，将领里的里口缝边折净，要求压住绱领的线迹。先用白棉线进行绷缝固定，然后用手针、缝纫线将领里进行扦缝。

图 7-1-10　工艺检验：做好的领子经检查无误后，拆掉绷缝的棉线并修剪掉线头，将各部位整烫平整。

实例7-2

立翻领

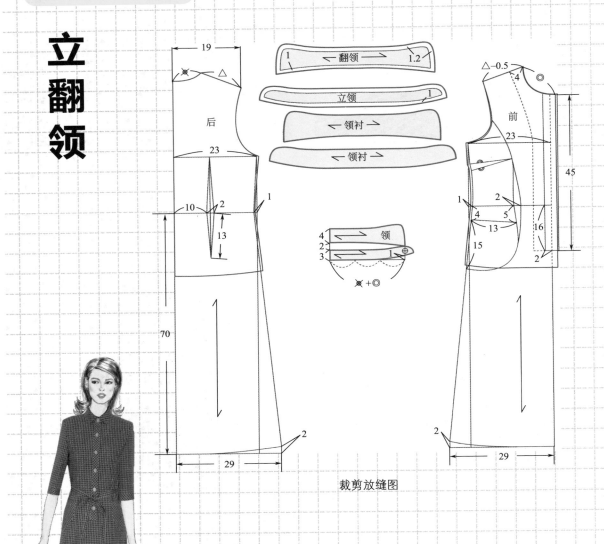

裁剪放缝图

款式说明

　　立翻领是领子的另一种表现形式，是立领与翻领组合在一起的一种领型。一般应用于男女衬衫等服装品种中。可以根据款式的需要调整领角的形状，产生出领型的变化。

缝制图解 ↘

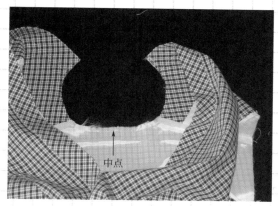

图7-2-1

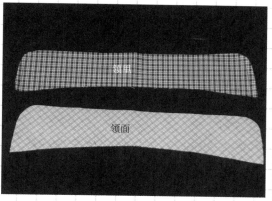

图7-2-2

图7-2-1　准备工作：立翻领的制作是服装工艺中常见的形式，方法适用于男女衬衫等品种，本部分以连衣裙为例。首先将衣身制作完成，将领口的中点打出0.3cm的剪口。

图7-2-2　做翻领：将翻领面的反面朝上并粘烫衬布，要求粘烫牢固。翻领里的反面朝上并用样板画出勾缝线。

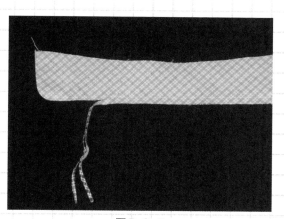

图7-2-3

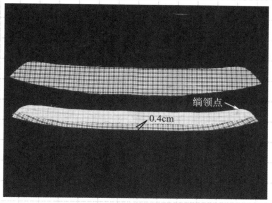

图7-2-4

图7-2-3　勾翻领：翻领面与翻领里正面相对，沿净粉线勾缝翻领外口边，注意要将翻领面吃缝进0.1cm。修剪翻领外口缝边为0.5cm，然后将缝边倒向翻领面并进行熨烫。最后翻正领面并烫平，沿翻领外口缉缝0.1cm的明线，要求开始和结束均回针。

图7-2-4　做底领（1）：首先在底领里的反面粘烫衬布并画出净粉线，然后将底领里的缝边扣净并沿边缉缝0.4cm明线，要求开始和结束均回针。

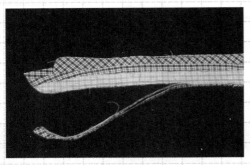

图7-2-5

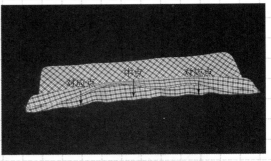

图7-2-6

图7-2-5 做底领（2）：缝合翻底领，底领的里、面正面相对并将翻领夹在中间，要求翻领面与底领里正面相对，翻领与底领的中点相对。沿底领的净粉线进行勾缝，最后修剪领中口的缝边为0.5cm。

图7-2-6 翻烫领子：翻好底领并熨烫平服，修剪底领面的下口缝边为1cm，画出绱领子的中点和小肩的对应点。

图7-2-7

图7-2-7 绱领子：底领面与衣身的领口正面相对，由左边的止口开始沿净粉线勾绱领子，要求将领中点、小肩对应点对准，开始和结束均回针。

图7-2-8

图7-2-8 缉缝里口明线：将已缝绱的领口毛边倒向底领，放平底领并沿底领里压缉0.1cm明线。最后由右止口边开始至左止口边沿领子中口压缉0.1cm明线，要求开始和结束均回针。

图7-2-9

图7-2-9 工艺检验：制作好的领子应左右对称，翻领角宽窄一致，左右领嘴的大小一致。

实例7-3

立领

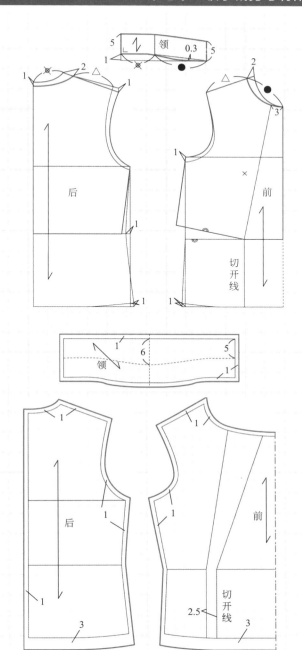

裁剪放缝图

◀ 款式说明

　　立领是领子中最常见的表现形式，运用不同丝道面料做出的立领在效果上有很大差异。因此，可以根据不同的款式需要选择立领的宽度、形状以及面料丝道。立领一般应用于男女大衣、男女夹克和男女衬衫等服装品种。

缝制图解 ↘

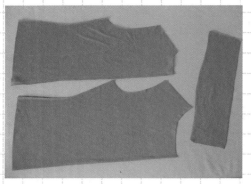

图7-3-1

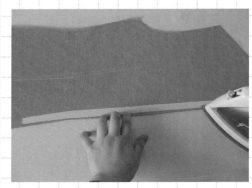

图7-3-2

图7-3-1　准备工作：立领的制作是服装工艺中常见的形式，根据设计要求有多种制作方法，本部分以女上衣为例。首先按样板裁剪衣片及领子，按要求画出净粉线。

图7-3-2　粘烫牵条：后衣片反面朝上，将牵条粘烫在左右片的中缝上。

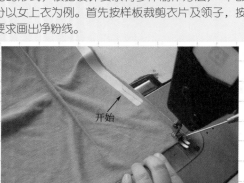

开始

图7-3-3

图7-3-4

图7-3-3　缝合后中缝：左右后衣片正面相对，反面朝上由拉锁的终止点开始缝合后中缝，要求开始和结束均回针。

图7-3-4　做前领口：按样板要求收缩前领口的碎褶，首先沿领口缝边绢缝一道线迹，然后抽紧上线并调整领口褶皱。

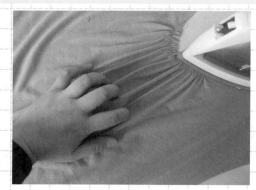

图7-3-5

图7-3-6

图7-3-5　熨烫前领口：将前领口碎褶的缝边进行熨烫。

图7-3-6　缝合肩缝：先将前后衣片的肩缝正面相对并沿缝边进行缝合，然后前片朝上包缝肩缝。最后将缝边倒向后片进行熨烫。

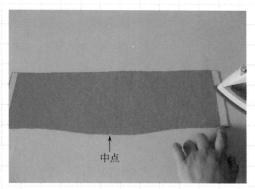

图 7-3-7

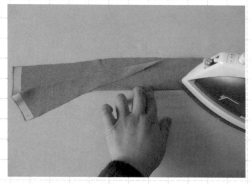

图 7-3-8

图7-3-7 做领子：将领子的反面朝上并在两端的缝边上粘烫1.5cm牵条布，在领面的缝边上剪出领中点的位置。

图7-3-8 折烫领中口：将领面和领里的里口相对，正面朝上熨烫领中口的折线。

图 7-3-9

图 7-3-10

图7-3-9 绱领子：领面与衣身领口的正面相对，由左边的毛边开始沿净粉线勾绱领面，要求对准领子中点，领口部位不能抻拉，注意开始和结束均要求回针。

图7-3-10 倒烫领缝边：将衣身反面朝上，领子里口缝边倒向领子并进行熨烫。

图 7-3-11

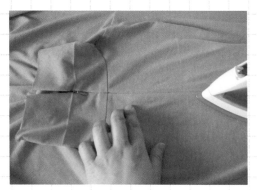

图 7-3-12

图7-3-11 绱拉链：将衣身正面朝上，换上隐形压脚，由领子上口处开始绱左边拉锁，再由拉锁底端绱右边拉锁。

图7-3-12 熨烫后中缝：将衣身正面朝上，熨烫绱好拉链的后中缝，要求熨烫平服。

图7-3-13

图7-3-13　勾缝后领缝：衣身正面朝上，按领中线将领里与领面正面相对，使用左单边压脚将后领缝进行勾缝，注意结束部位将领里的毛边折净后再进行回针。

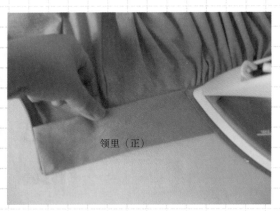

图7-3-14

图7-3-14　扣烫领里：领里正面朝上，将领里的里口毛边折净，要求压过绱领的缝迹线0.1cm。

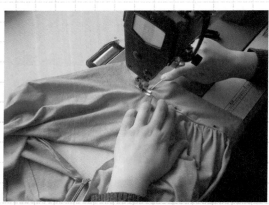

图7-3-15

图7-3-15　固定领里：衣身正面朝上，为防止变形可先用珠针固定，然后沿领子的根部进行缉缝，注意开始和结束均要求回针。

图7-3-16

图7-3-16　工艺检验：制作好的领子应左右对称，各部位应熨烫平服。

实例 7-4

花边领

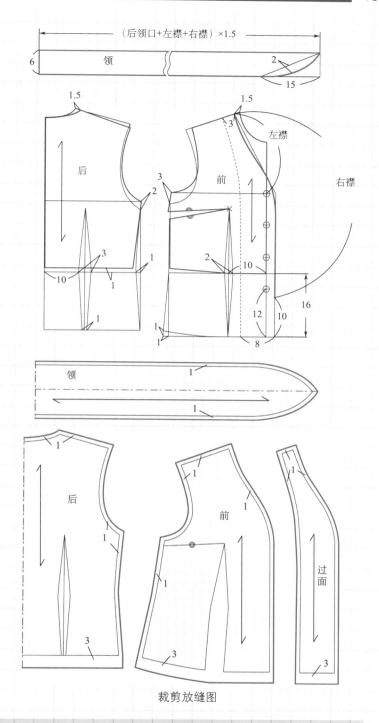

裁剪放缝图

款式说明

花边领是领子的另一种表现形式，一般应用于女衬衫和连衣裙等服装品种中，其制作方法与绱领子基本相同。可以根据服装所需要的效果调整其花边的缩褶量。

缝制图解 ↘

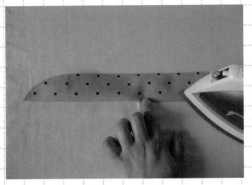

图 7-4-1

图 7-4-1　扣烫花边：将花边正面朝上对折并进行熨烫。

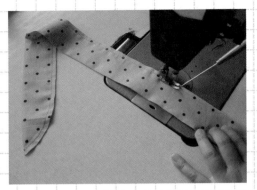

图 7-4-2

图 7-4-2　缉缝明线：先将机器调成抽碎褶的状态，再沿里口边缉缝 0.8cm 明线。

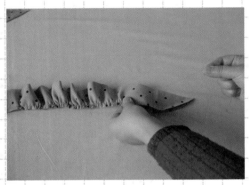

图 7-4-3

图 7-4-3　抽缩花边：与抽碎褶的方法相同，将褶量抽缩均匀。

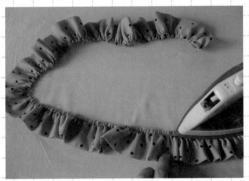

图 7-4-4

图 7-4-4　熨烫花边：将做好的花边进行熨烫。

图 7-4-5

图 7-4-5　固定花边：先将前后衣身的肩缝缝合并包缝，缝边倒向后片并进行熨烫。然后衣身正面朝上，将花边按样板要求与衣身止口边对齐，沿缝边进行固定。

图 7-4-6

图 7-4-6　绷缝挂面：将挂面粘烫衬布并画出净粉线，反面朝上压在衣身上用珠针固定。

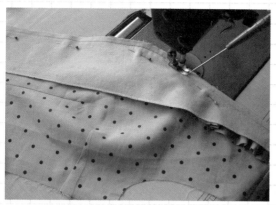

图7-4-7

图7-4-7 缉缝止口：由左向右沿净粉线勾缝止口缝边，注意要求开始和结束均要求回针。

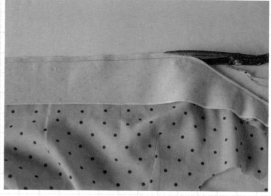

图7-4-8

图7-4-8 修剪缝边：将勾缝好的止口缝边修剪为0.5cm宽。

图7-4-9

图7-4-9 缉缝暗明线：打开止口边并正面朝上，将止口缝边倒向挂面并沿挂面净边缉缝0.1cm明线。

图7-4-11

图7-4-11 工艺检验：制作完成的花边领线条流畅，花边领的褶量均匀，各部位平服自然。

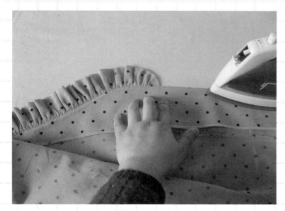

图7-4-10

图7-4-10 翻烫止口：将挂面倒向衣身，挂面正面朝上并熨烫止口边。

实例7-5

立连领

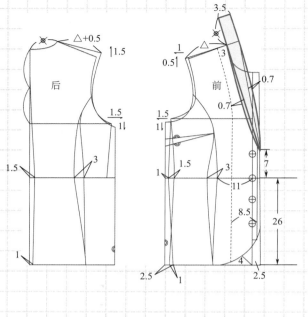

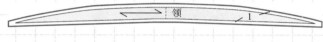

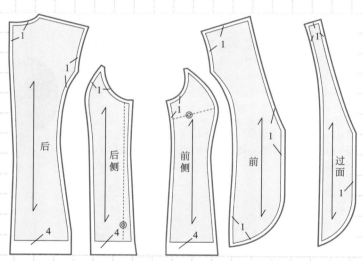

裁剪放缝图

← 款式说明

　　立连领是领子的另一种表现形式，是立领与驳领组合在一起的一种领型。一般应用于女上衣等服装品种中。可以根据款式的需要调整领子的形状，产生出领型的变化。

缝制图解 ↘

图 7-5-1

图 7-5-1 缝合肩缝：先将前后身正面相对，前片在上沿缝边缝合肩缝，注意后肩缝略有吃缝量，然后分开肩缝并进行熨烫。

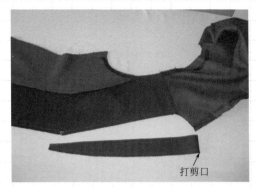

打剪口

图 7-5-2

图 7-5-2 做领子：将领子的反面朝上并粘烫衬布，按样板要求画出净粉线，注意领面、领里均粘烫衬布，然后在领子的中间打出剪口。

图 7-5-3

图 7-5-3 绱领面：将领面与衣身正面相对，沿净粉线缝合领子里口缝，要求领面中点与领口中点相对。将缝合的缝边劈缝并烫平。

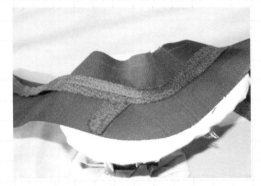

图 7-5-4

图 7-5-4 绱领里：先将挂面、后领贴边的反面粘烫衬布，正面相对缝合肩缝并劈缝。然后将领里与挂面正面相对，沿净粉线缝合领子里口缝，要求领里中点与后领贴边中点相对。最后将缝合的缝边劈缝并烫平。

图 7-5-5

图 7-5-5 绷缝止口：将挂面与衣身、领面与领里正面相对，用珠针或棉线将止口固定。

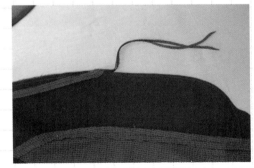

图 7-5-6

图 7-5-6 缉缝止口：沿衣身的净粉线由右至左缉缝止口边，要求开始和结束均回针。修剪缝边为0.5cm。

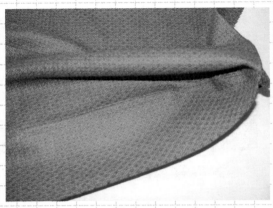

图 7-5-7

图7-5-7　缉缝暗明线：打开止口并正面朝上，将止口缝边倒向挂面并沿挂面净边缉缝0.1cm明线，要求由左衣片缉缝至右衣片，开始和结束均要求回针。

图 7-5-8

图7-5-8　熨烫止口：将止口翻正并挂面朝上，垫上水布进行熨烫。

图 7-5-9

图7-5-9　绷缝领子缝边：打开挂面露出领子缝边，用棉线将领面、领里进行固定。

图 7-5-10

图7-5-10　工艺检验：制作好的领子应左右对称、线条流畅，各部位应熨烫平服。

第八章
袖子裁剪与制作

内容特色

    本部分介绍了服装中常见的袖子的结构设计与工艺制作，其中包括夹克袖、插肩袖、无袖的结构设计与制作方法。

要点与难点

    通过本部分内容，可以掌握各种袖子的结构设计与工艺制作。重点掌握夹克袖、无袖的结构设计与工艺制作，其中插肩袖的结构设计与工艺制作为本部分的难点。

实例8-1

夹克袖

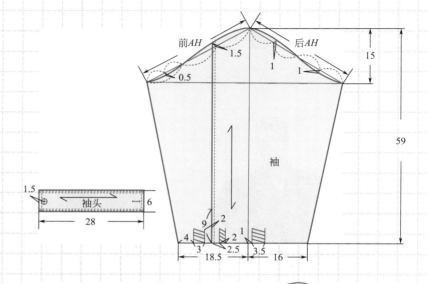

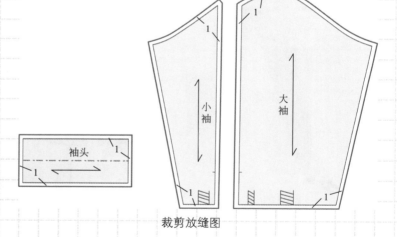

裁剪放缝图

款式说明

　　夹克袖是袖子的另一种表现形式，袖子缝线常采用倒缝缉明线制作方法，可以根据款式的需要选择明线的宽度和袖开衩的形式。

缝制图解 ↘

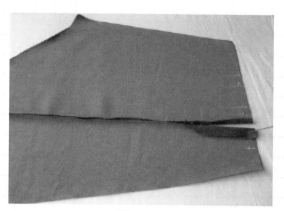

图8-1-1

图8-1-1　准备工作：夹克袖属于一片袖，是服装中的一种常见的工艺形式，本部分以男夹克为例。首先将袖口的褶省打上线钉，大小袖片正面相对绱缝后袖缝至开衩终止点。

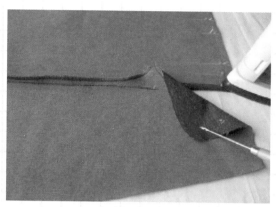

图8-1-2

图8-1-2　熨烫开衩上襟：袖片反面朝上，按净粉线三折边扣净大袖开衩缝边，小袖片朝上将绱缝的后袖缝进行双包缝。

图8-1-3

图8-1-3　绱缝开衩上襟明线：袖片正面朝上并打开开衩，由开衩的终止点开始绱缝0.1cm和0.8cm的双明线，注意开始和结束均要求回针。

图8-1-4

图8-1-4　绱缝开衩底襟明线：先按净粉线三折边扣净小袖开衩缝边，小袖反面朝上绱缝0.1cm和0.8cm的双明线，注意开始和结束均要求回针。

图8-1-5

图8-1-5　缉缝后袖缝明线：打开大小袖并正面朝上，将缝边倒向大袖沿大袖净边缉缝0.1cm和0.8cm的双明线，注意与开衩上襟的明线相接缝，开始和结束均要求回针。

图8-1-6

图8-1-6　绱袖子：衣身与袖子正面相对，袖子在上，先将袖窿缝边与袖山缝边对齐，袖子朝上进行缉缝，然后将袖窿缝边进行双包缝。衣身反面朝上，将袖窿缝边放在铁凳上，要求根据袖窿的弯度进行熨烫。

图8-1-7

图8-1-7　缉缝袖窿明线：衣身正面朝上，沿袖窿的净缝缉缝0.1cm和0.8cm的双明线，注意开始和结束均要求回针。

图8-1-9

图8-1-9　工艺检验：检查制作完成的夹克袖子，袖山的线条自然流畅、无褶皱，袖缝、开衩部位平服。

图8-1-8

图8-1-8　缝合侧缝：前后衣身、大小袖子正面相对，由衣身的下摆开始沿净粉线缝合侧缝及袖缝，注意开始和结束均要求回针。再将缝合的缝边分开进行熨烫。

实例8-2

插肩袖

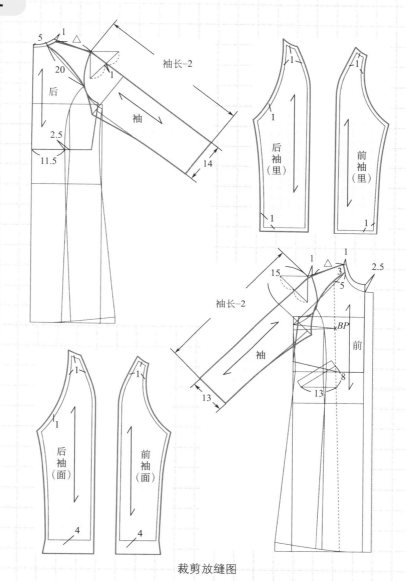

裁剪放缝图

← 款式说明

　　插肩袖是袖子的另一种表现形式，应用非常广泛，适用于大衣、夹克、衬衫等服装种类中，插肩袖的袖型结构变化可以根据款式的需要来定，但需要注意的是，不管它的线形如何变化，衣片的弧线与袖片的弧线要相吻合。

缝制图解 ↘

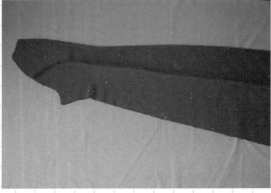

图8-2-1

图8-2-1　做后片：左右后衣片正面朝上，绱缝后中缝，侧片在上缝合后侧片，注意开始和结束均要求回针。

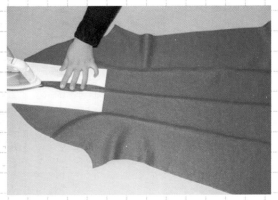

图8-2-2

图8-2-2　劈缝缝边：后衣片反面朝上，将缝合好的后片缝边进行分缝并熨烫，要求熨烫平服。

图8-2-3

图8-2-3　归拢袖窿：后衣片反面朝上，将劈缝好的后片袖窿进行归拢熨烫，要求左右片对称。

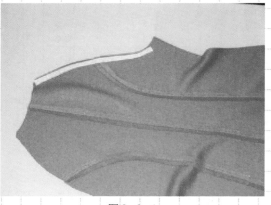

图8-2-4

图8-2-4　粘烫牵条：后衣片反面朝上，在归拢好的后片左右袖窿上粘烫牵条布，要求熨烫牢固。

图8-2-5

图8-2-5　做前片：先在前中片反面上粘烫衬布，与前侧片正面相对，侧片在上缝合刀背缝。将衣身反面朝上，分开刀背缝进行熨烫，要求熨烫平服。

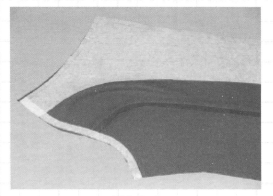

图8-2-6

图8-2-6　粘烫前片牵条：前衣片反面朝上，先归拢好袖窿，然后在袖窿上粘烫牵条布，要求熨烫牢固。

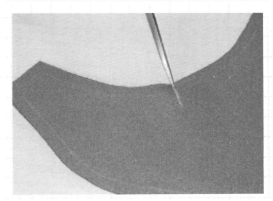

图8-2-7

图8-2-7　打剪口：将前后袖与衣身的对位点打出剪口，长为0.3cm。

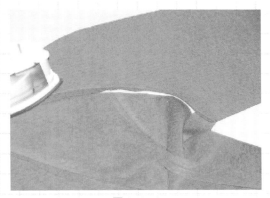

图8-2-8

图8-2-8　绱后袖片：将袖片与衣身正面相对，对准对位点进行缝合，要求开始和结束均回针。然后分开缝边进行熨烫。

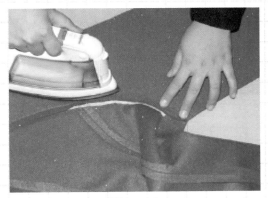

图8-2-9

图8-2-9　熨烫袖弯缝：衣身反面朝上，由肩部熨烫至袖弯处，注意根据袖弧线的弯度熨烫袖子的缝边。

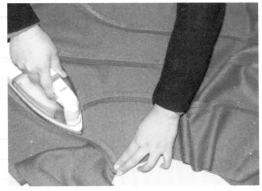

图8-2-10

图8-2-10　熨烫袖窿弯缝：衣身反面朝上，由肩部熨烫至袖窿弯处，注意根据袖窿弧线的弯度熨烫衣身袖窿的缝边。

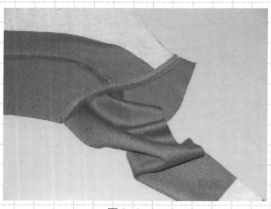

图 8-2-11

图 8-2-12

图 8-2-11　绱前袖片：将袖片与衣身正面相对，对准对位点进行缝合，要求开始和结束均回针。然后分开缝边进行熨烫。

图 8-2-12　缝合肩缝：将前后片正面相对并缝合肩缝，然后将缝边放在铁凳上劈烫肩缝。

图 8-2-13

图 8-2-13　缝合侧缝：将前后片正面相对并缝合侧缝，分开缝边进行熨烫。制作完成的插肩袖应线条流畅，各缝边均平服。

实例8-3

无袖

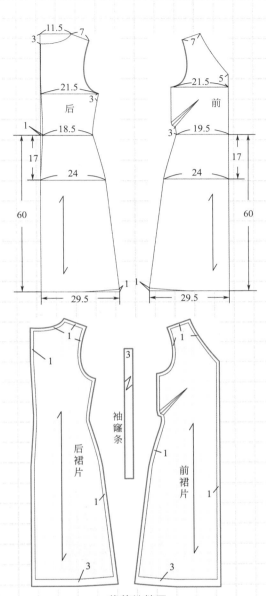

11.5　7

3

21.5
3
后

1　18.5

17

24

60

29.5

1

7

21.5　5

前

3　19.5

17

24

60

29.5

1

1

1

后裙片

袖窿条

3

前裙片

1

1

1

3

3

裁剪放缝图

款式说明

　　无袖主要应用于连衣裙和男、女马甲等服装品种中，是对袖窿进行工艺缝制处理，其制作方法也比较多样化。可以根据款式的需要选择适当的袖贴边形式和制作方法。

缝制图解 ↘

图8-3-1

图8-3-1　裁剪袖窿条：无袖服装有多种制作的方法，本部分是以斜条进行包缝袖窿的方法。首先裁剪出45°斜丝贴边。

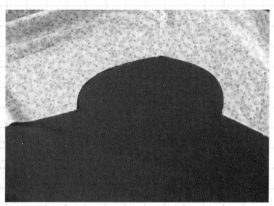

图8-3-2

图8-3-2　缝合肩缝：将前后衣片正面相对，绱缝肩缝并前片朝上进行包缝。将缝边倒向后身进行熨烫。最后检查前后袖窿是否圆顺。

图8-3-3

图8-3-3　拼接袖窿条：袖窿条正面相对，沿缝份进行绱缝，注意开始和结束均要求回针。

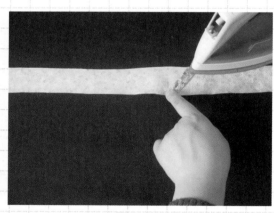

图8-3-4

图8-3-4　劈烫袖窿条：将拼接好的袖窿条缝边进行劈烫。

图 8-3-5

图8-3-5　勾缝袖窿条：衣身正面朝上，将袖窿条压在衣身的袖窿上，反面朝上沿净粉线进行勾缝，勾缝的过程中要求适当地拉紧袖窿条。

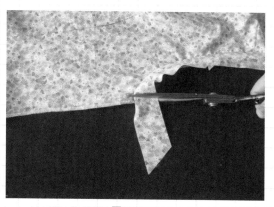

图 8-3-6

图8-3-6　修剪袖窿条：将多余的袖窿条沿衣身的毛边进行修剪。

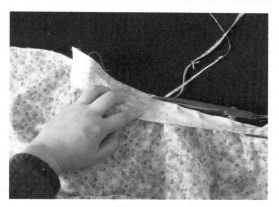

图 8-3-7

图8-3-7　修剪袖窿缝边：将袖窿的缝边修剪为0.5cm。

图 8-3-8

图8-3-8　倒烫袖窿缝边：衣身反面朝上，将袖窿缝边倒向衣身并进行熨烫。

图 8-3-9

图8-3-9　扣烫袖窿条：衣身反面朝上，将袖窿条翻至衣身上进行扣烫，要求熨烫平服。

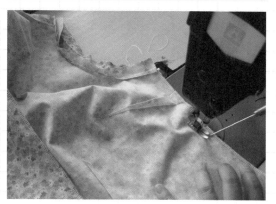

图 8-3-10

图8-3-10　缝合侧缝：将已包缝好的前后侧缝正面相对，由袖窿条处开始进行缝合，注意开始和结束均要求回针。

图8-3-11

图8-3-11　劈烫侧缝：打开衣身并反面朝上，分开缝边进行熨烫，要求熨烫平服。

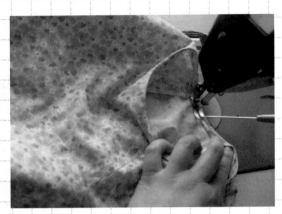

图8-3-12

图8-3-12　勾缝袖窿条：将袖窿部位摆平服，袖窿条正面朝上沿已扣好的净边缉缝0.1cm明线。

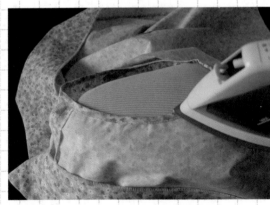

图8-3-13

图8-3-13　熨烫袖窿：将袖窿部位反面朝上放在铁凳上，将勾缝好的袖窿进行熨烫。

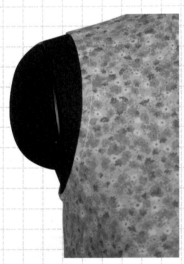

图8-3-14

图8-3-14　工艺检验：制作完成的袖窿部位应平服、无褶皱，线迹流畅、无断线。

第九章
袖口裁剪与制作

内容特色

　　本部分讲解了服装中常见的袖口的结构设计与工艺制作，其中包括马蹄袖口、衬衫和上衣的外翻袖口的结构设计与制作方法。

要点与难点

　　通过本部分内容，可以掌握各种袖口的结构设计与工艺制作。重点掌握马蹄袖口、衬衫外翻袖口的结构设计与工艺制作，其中上衣外翻袖口的结构设计与工艺制作为本部分的难点。

实例9-1

马蹄袖口

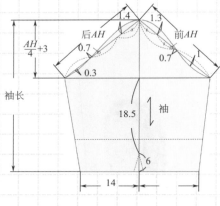

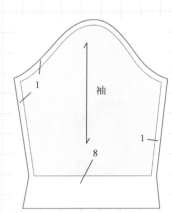

裁剪放缝图

← 款式说明

马蹄袖口是袖口的另一种表现形式，一般适用于女式衬衫，其缝制方法是将衬衫袖口折边处，做成形似马蹄状的开口，开口的大小可以根据款式的需要选择。此款是在衬衫袖口的基础上，增加一个马蹄形的装饰边，丰富了袖口的变化。

缝制图解 ↘

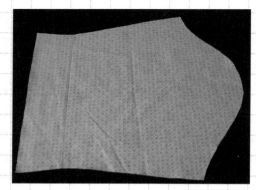

图9-1-1

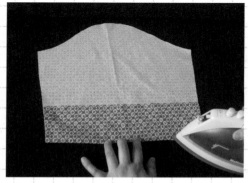

图9-1-2

图9-1-1　准备工作：马蹄袖口一般应用于女装，有多种制作方法，本部分以衬衫为例。按要求裁剪袖片并画出净粉线。

图9-1-2　扣烫袖口：袖片反面朝上，按袖口净粉线将贴边折向袖片并熨烫。

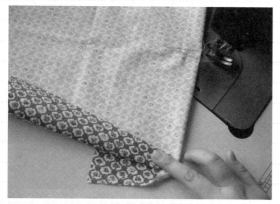

图9-1-3

图9-1-3　勾缝袖开口：将贴边反折并沿净粉线勾缝开口边，注意开始和结束均要求回针。

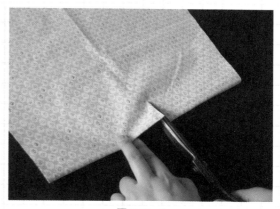

图9-1-4

图9-1-4　剪开袖开口：袖子反面朝上，沿中缝剪开开口，注意要求剪至缝纫线的根部。

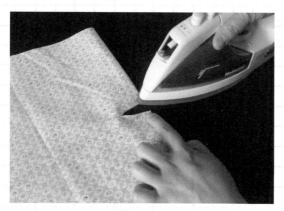

图9-1-5

图9-1-5　倒烫缝边：袖子反面朝上，将剪开的缝边倒向袖子，过0.1cm进行熨烫。

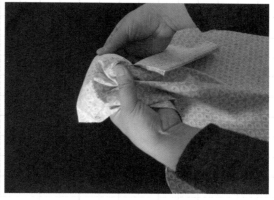

图9-1-6

图9-1-6　翻开口边：用左手捏住开口的缝边将其翻正。

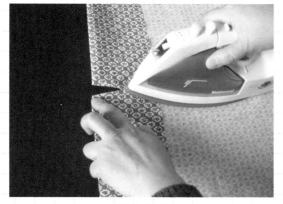

图9-1-7

图9-1-7　熨烫袖开口：翻正袖子贴边并贴边朝上进行熨烫。

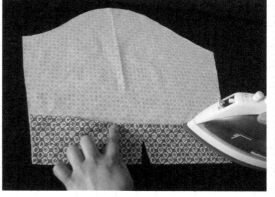

图9-1-8

图9-1-8　扣烫袖贴边：袖子反面朝上，将袖贴边的毛边折净并熨烫。

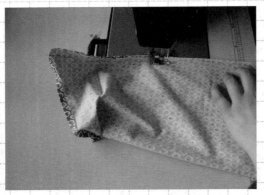

图 9-1-9

图 9-1-9　缝合袖缝：先将左右袖缝正面朝上进行包缝，然后左右袖缝正面相对沿净粉线进行缝合，注意开始和结束均要求回针。

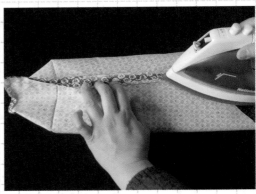

图 9-1-10

图 9-1-10　劈烫袖缝：将袖缝边垫在烫板上，分开缝边进行熨烫，要求熨烫平服。

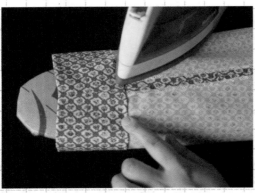

图 9-1-11

图 9-1-11　折烫袖口边：垫上烫板将袖口边折净。

图 9-1-12

图 9-1-12　缉缝贴边：袖口贴边正面朝上，沿折净边缉缝 0.1cm 明线，要求结束时回针。

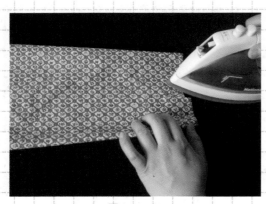

图 9-1-13

图 9-1-13　熨烫袖口：将缉缝好的袖口进行熨烫。

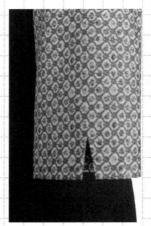

图 9-1-14

图 9-1-14　工艺检验：制作完成的马蹄袖口应平服、无褶皱，缝迹线无断线。

实例 9-2

外翻袖口（夹）

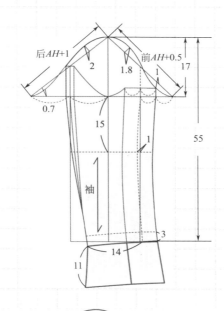

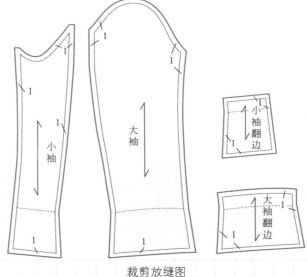

裁剪放缝图

🔙 款式说明

外翻袖口是袖口的另一种表现形式，一般适用于女式上衣、大衣等服装品种，其缝制方法是在两片袖的袖口处将折边做成外翻，制作工艺相对复杂，可以根据款式的需要选择外翻袖口宽度。

缝制图解 ↘

图9-2-1

图9-2-1　归拔大袖：将大袖片反面朝上归拔前袖缝，注意归拔时熨斗不要压过袖折线。

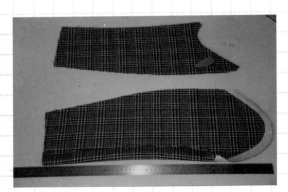

图9-2-2

图9-2-2　检查归拔好的前袖缝：将前袖缝按偏袖线折叠，将折叠线对准直尺，袖肘部位的弯度约为1.5cm即可。

图9-2-3

图9-2-3　缝合后袖缝：大小袖正面相对并大袖朝上由开衩终止点开始缉缝后袖缝，要求大袖袖山高向下10cm处、大袖袖肘部位，根据面料质地进行吃缝，注意开始和结束均要求回针。

图9-2-4

图9-2-4　劈烫袖缝：打开袖片并反面朝上分开缝边进行劈烫，然后翻正袖片将袖缝进行归拢熨烫。

图9-2-5

图9-2-5 画净样：先在袖口贴边的反面粘烫衬布，然后用样板画出净粉线。

图9-2-6

图9-2-6 勾缝贴边：打开袖片并将袖口贴边与袖子正面相对，分别由前袖缝向里2cm开始至开衩的终止点进行勾缝，注意开始和结束均要求回针。

图9-2-7

图9-2-7 修剪缝边：将勾缝的缝边修剪为0.5cm宽。

图9-2-8

图9-2-8 倒烫缝边：袖片的反面朝上，将袖口缝边倒向袖片进行熨烫。

图9-2-9

图9-2-9 翻正贴边：用左手捏住袖口缝边的边角并将其翻正。

图9-2-10

图9-2-10 熨烫贴边：将贴边正面朝上并熨烫袖口边，要求熨烫平服。

图9-2-11

图9-2-11　缝合前袖缝：将大小袖正面相对并缝合前袖缝，开始和结束均要求回针。将袖缝垫在烫板上进行劈缝。

图9-2-12

图9-2-12　缝合贴边前缝：将大小袖的贴边正面相对并进行缝合，开始和结束均要求回针。将贴边缝垫在烫板上进行劈缝，最后将勾缝贴边时所留的左右2cm的部位进行勾缝。

图9-2-13

图9-2-13　熨烫缝边：将袖贴边翻正后，将袖口部位垫在烫板上进行熨烫。

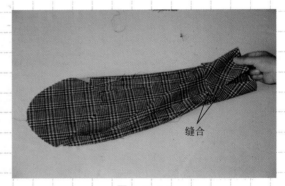

图9-2-14

图9-2-14　缝合开衩上口：沿开衩的根部，将开衩以上的左右贴边进行缝合并劈缝。

图9-2-15

图9-2-15　缝合里子：先将大小袖里子正面相对缝合前后袖缝，注意开始和结束均要求回针。然后将缝边倒向大袖，过缝迹线0.1cm进行熨烫。

图9-2-16

图9-2-16　勾缝里子下口边：将里子与袖贴边正面相对，对准前后袖缝的边线并沿净粉线进行勾缝。

图9-2-17

图9-2-17　固定袖缝：将里子的倒缝边对准袖缝的中心，用棉线进行固定，注意前后缝均要求固定。

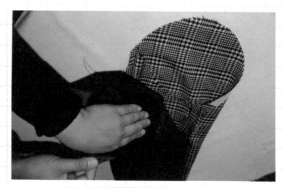

图9-2-18

图9-2-18　掏翻袖里子（1）：由里子筒内将袖片翻正。

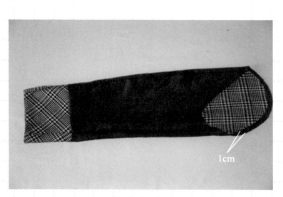

图9-2-19

图9-2-19　掏翻袖里子（2）：翻正的里子袖山缝边要求比面多1cm。最后翻出袖子的正面，绱袖方法与西服袖的方法相同。

图9-2-20

图9-2-20　工艺检验：制作完成的袖口可根据开衩的位置将贴边翻至正面。

实例9-3

外翻袖口（单）

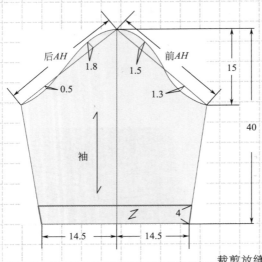

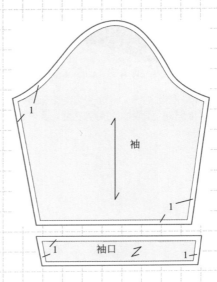

裁剪放缝图

款式说明

外翻袖口是袖口的另一种表现形式，一般适用于女式上衣、大衣等服装品种，其缝制方法是在两片袖的袖口处将折边做成外翻，制作工艺相对复杂，可以根据款式的需要选择外翻袖口宽度。

缝制图解 ↘

图 9-3-1

图 9-3-1 准备工作：按样板要求裁剪袖片及外翻贴边并画出净粉线。

图 9-3-2

图 9-3-2 勾缝贴边：袖子反面朝上，将贴边反面朝上压在袖片上，沿净粉线进行勾缝，注意要求开始和结束均要求回针。

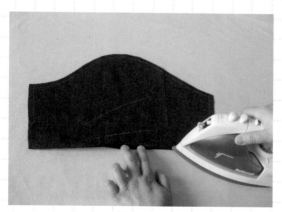

图 9-3-3

图 9-3-3 倒烫缝边：袖片反面朝上，将缝边倒向袖片并过缉缝线0.1cm进行熨烫。

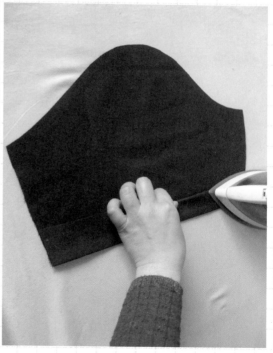

图 9-3-4

图 9-3-4 扣烫翻边：袖片正面朝上，按样板要求将外翻边扣净，要求宽窄一致。

图9-3-5

图9-3-5　缉缝明线：袖片正面朝上，沿外翻边的上口边缉缝0.4cm明线。

图9-3-6

图9-3-6　熨烫外翻边：袖片正面朝上，将缉缝好的外翻边进行熨烫，要求熨烫平服。

图9-3-7

图9-3-7　缝合袖缝：先将袖片的前后缝进行包缝，然后袖片正面相对并将前后袖缝对齐后进行缝合，注意开始和结束均要求回针。

图9-3-9

图9-3-9　工艺检验：制作完成的外翻袖口适用于衬衫及休闲装，要求平整无褶皱、线迹宽窄一致。

图9-3-8

图9-3-8　固定缝边：将袖口部位的缝边分开并将缝边进行固定。

第十章
衣摆裁剪与制作

内容特色

　　本部分介绍了服装中常见的衣摆的结构设计与工艺制作，其中包括缉缝衣摆、扦缝衣摆、夹克衣摆的结构设计与制作方法。

要点与难点

　　通过本部分内容，可以掌握各种衣摆的结构设计与工艺制作。重点掌握缉缝衣摆、扦缝衣摆的结构设计与工艺制作，其中夹克衣摆的结构设计与工艺制作为本部分的难点。

实例10-1

缉缝衣摆（圆）

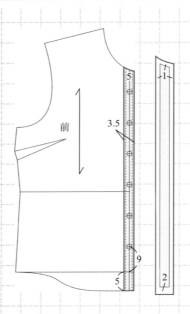

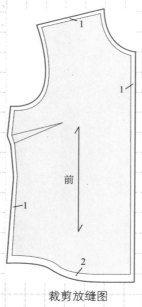

裁剪放缝图

款式说明

缉缝边是服装中较为常见的形式，一般应用于男、女休闲上衣、衬衫衣摆及裤子和裙子的折边处，是一种相对比较简单的衣摆制作方式，制作时应注意衣襟长短一致和折边缉线宽窄一致。

缝制图解 ↘

图10-1-1

图10-1-1 扣烫底边：将缝合好侧缝的衣身反面朝上，按净粉线将衣摆贴边进行熨烫，要求熨烫圆顺。

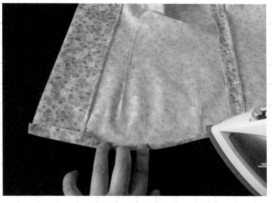

图10-1-2

图10-1-2 折烫净边：衣身反面朝上，将毛边折净并进行熨烫，要求熨烫圆顺。

图10-1-3

图10-1-3 固定衣摆：由左片止口边开始沿折净边缉缝0.1cm明线。注意在右片的方法相同，开始和结束均要求回针。

图10-1-4

图10-1-4 熨烫衣摆边：将缉缝好的衣摆边反面朝上进行熨烫。

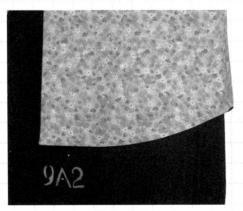

图10-1-5

图10-1-5 工艺检验：制作完成的缉缝边适用于圆摆服装的制作，要求平服、无褶皱，缝迹线无断线。

实例 10-2

扦缝衣摆

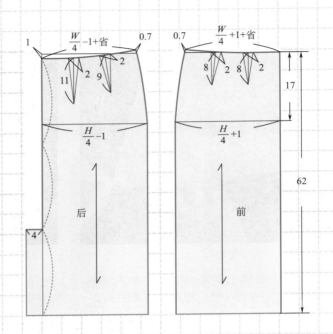

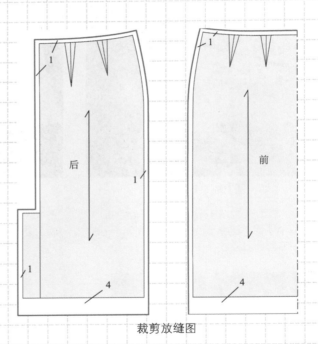

裁剪放缝图

款式说明

　　扦缝边一般应用于中式上衣、衬衫、裙子等下摆的折边处，运用手针扦缝针法使服装正面不漏明显针迹。

缝制图解 ↘

图10-2-1

图10-2-1　扣烫贴边：裙子反面朝上，将包缝好的裙摆贴边折向裙身并进行熨烫，要求熨烫圆顺。

图10-2-2

图10-2-2　绷缝贴边：将熨烫好的裙摆贴边用棉线进行固定，要求每3cm绷缝一针。

图10-2-3

图10-2-3　扦缝贴边：左手将裙底摆捏起，右手拿针并用缝纫线将裙摆贴边进行暗扦缝，要求针脚为每3cm扦缝7针。

图10-2-4

图10-2-4　拆掉绷缝棉线：将裙摆贴边扦缝好之后，拆掉固定裙摆贴边的绷缝棉线。

图10-2-5

图10-2-5　工艺检验：制作完成的扦缝边方法适合各种服装的制作，要求针脚密度适中，服装扦缝的表面平服、无褶皱、无明显的针脚。

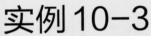

夹克衣摆

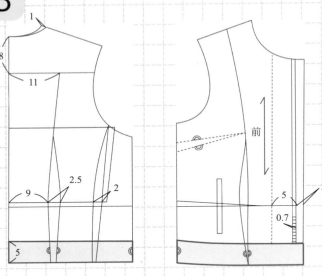

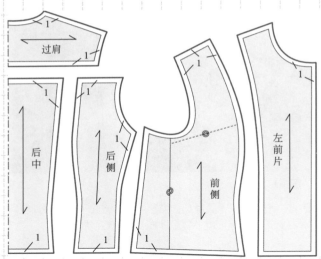

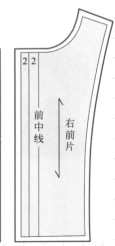

裁剪放缝图

款式说明

　　夹克衣摆是底边的另一种表现形式，一般适用于男、女式夹克等服装品种，其缝制方法是在夹克摆边处绱一条板带，制作工艺相对复杂，可以根据款式的需要选择板带宽度。

缝制图解 ↘

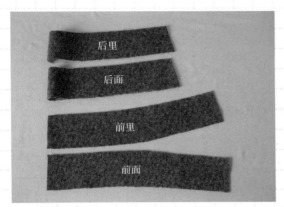

图 10-3-1

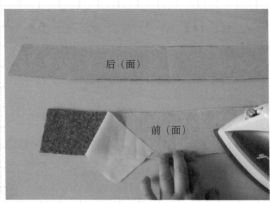

图 10-3-2

图10-3-1 准备工作：按样板要求裁剪夹克的底边，包括前片和后片的面、里料。

图10-3-2 粘烫衬布：分别将裁剪好的衬布粘烫在前、后底边面的反面上，要求粘烫牢固。

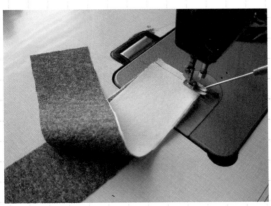

图 10-3-3

图 10-3-4

图10-3-3 缝合前后底边：将前后底边面正面相对进行拼接，注意开始和结束均要求回针。

图10-3-4 熨烫缝边：将绱缝好的缝边进行熨烫。

图 10-3-5

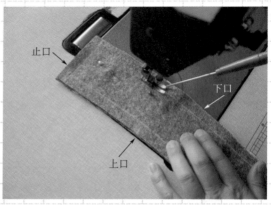

图 10-3-6

图 10-3-5　画净粉线：首先在拼接好的底边里上，用净样板画出净粉线，然后将底边的里和面正面相对，对好侧缝边并用珠针将里、面进行固定。

图 10-3-6　勾封底边：底边里朝上，沿净粉线由右止口开始转至下口再转至左止口进行勾缝，注意开始和结束均要求回针。

图 10-3-7

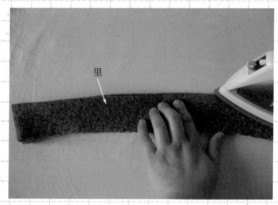

图 10-3-8

图 10-3-7　熨烫底边：先将缝边修剪为 0.5cm 宽，然后将缝边倒向底边面，过缝纫线 0.1cm 宽进行熨烫。

图 10-3-8　翻烫底边：将底边的正面翻出，底边里朝上熨烫外口边。

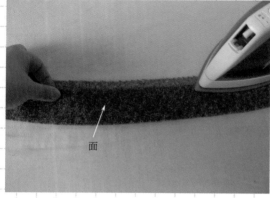

图 10-3-9

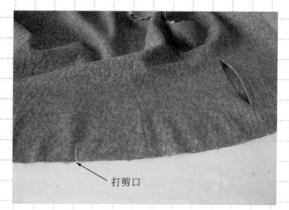

图 10-3-10

图 10-3-9　扣烫上口：将底边面正面朝上，按净粉线扣净上口边，要求宽窄一致。

图 10-3-10　打剪口：在做好的衣身下摆上将后中线打上剪口，要求剪口大小为 0.3cm。

图10-3-11

图10-3-11　绱底边：先将衣身的里朝上，然后将底边里反面朝上压在衣身下摆上，最后由左至右沿净粉线勾缝上口边，注意开始和结束均要求回针。

图10-3-12

图10-3-12　倒烫上口缝边：将勾缝好的上口缝边倒向底边并进行熨烫。

图10-3-13

图10-3-13　缉上口明线：将底边面压在衣身上，由止口边开始沿底边缉缝0.1cm明线，注意开始和结束均要求回针。

开始

图10-3-14

图10-3-14　缉下口明线：先由右止口边开始转至下口边缉缝0.1cm明线，最后缉缝至左止口边结束。

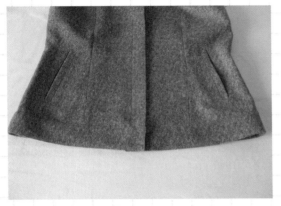

图10-3-15

图10-3-15　工艺检验：制作完成的底边应平服、无褶皱，缝迹线无断线。

参考文献

[1] 童敏主编.服装工艺：缝制入门与制作实例.北京:中国纺织出版社，2015.

[2] 刘凤霞，张恒著.服装工艺学.长春:吉林美术出版社，2015.

[3] 徐丽主编.女装的制版与裁剪.北京:化学工业出版社，2013.

[4] 徐丽主编.男装的制版与裁剪.北京:化学工业出版社，2013.